保安天書

☆ 初、中、高三階層　做個專業保安員 ☆

Security

凌劍剛　編著

萬里機構・萬里書店出版

 www.wanlibk.com

 www.facebook.com/wanlibk

 www.superbookcity.com/wanli

保安天書

作者
凌劍剛

編輯
林榮生

封面設計
任霜兒

版面設計
萬里機構製作部

出版者
萬里機構‧萬里書店
香港鰂魚涌英皇道1065號東達中心1305室
電話：2564 7511　傳真：2565 5539
網址：http://www.wanlibk.com

發行者
香港聯合書刊物流有限公司
香港新界大埔汀麗路36號中華商務印刷大廈3字樓
電話：2150 2100　傳真：2407 3062
電郵：info@suplogistics.com.hk

承印者
中華商務彩色印刷有限公司

出版日期
二〇一四年三月第一次印刷

這本書特別為30萬保安業界從業員和業界老闆而寫,筆者在書中分享從事警察、保鏢、物管、保安和培訓共33年所得的實戰經驗供大家參考,以提升保安員的個人表現和業界的專業素質。同時更透過本書,與各位分享保安工作背後的潛藏問題,希望讓身為保安服務最終用家的市民認識一個不爭的事實:與保安員互相配合、互相尊重才能發揮保安系統的最大功效。

社會高速發展,原本只由政府管理的大片土地,透過私人發展項目,逐漸分割成不少獨立王國和大型私人地段,包括佔用整個山頭的大學、佔地數十公頃的大型屋苑、整條街合併而成的大型商場、望不到邊界範圍的主題公園、連綿數個山頭的墳場、還有高爾夫球會、私人會所……等等,從簽約發展之日開始,政府便不再在這些獨立社區內提供日常的服務,全權交由業權持有人管理,管理人員需要承擔的工作,基本上包含了多個政府部門的職能,例如路政署、運輸署、地政署、漁護署、食環署、環保署、機電署、警務處、消防處……等等,當中保安員在社區內需要提供的服務,除了眾人皆見的出入管理和巡邏外,還包括不是眾人皆知的預防罪案、群眾管理、交通管理、社區關係、保障私隱、防火滅火、急救護理、緊急事件處理……等等,試問如此繁重的工作,是否一名僅僅接受16小時培訓的人員可以勝任呢?故此,為了有效地應付繁重的工作,從業員不斷自我增值和終生學習的要求,必然是大勢所趨的了。

目錄

第二篇：中級保安

第三篇：高級保安

第四篇：保安業界經驗分享

第一篇：
初級保安

第 1 章
從待業至
專業

其實保安員並非如大家想像般容易勝任,他們的素質應該與警員一樣,因為他們肩負的工作與警員是大致一樣的,分別只是警員在公眾地方維持治安、保安員則在私人地方提供「私人安全保障 - Private Security」而已,歐美西方各國及日本更稱他們的服務為「私人警衛 - Private Policing」,責任重大。

然而一般市民接觸到的保安員,大部份都是負責居所、工作場所、公眾場所等等地方出入口管制的人員,他們或站或坐,無需特別技能和表現便能「勝任」這項工作;因此不少剛畢業的年青人,不知道自己想做甚麼工作、而部份其他行業的從業員被解僱或被逼轉行時,亦會考慮加入保安員行列以解經濟上的困境,入職之後抱着騎牛搵馬的心態,值班時亦無心工作,渾渾噩噩地直至另一個工作機會來臨便辭職離去。

立法提升業界素質

有鑑及此,保安業界成功爭取到政府立法規管行業從業員,於1994年12月通過香港法例第460章《保安及護衛服務條例(Security and Guarding Services Ordinance)》,以發牌方式規管行業從業員,根據此法例第11條規定,持有許可證的人士才能擔任保安工作,如果並非為了報酬而提供保安工作者,則無需持有許可證,沒有許可證而從事保安工作的人士,將會干犯刑事罪行。

任何人從事保安工作之前必需接受16小時基本訓練,學員完成課程並考核合格,將會獲得合乎質素保證系統(Quality Assurance

System - QAS）標準而發出之證書，出示此證書便可向警察總部牌照科提出申請，牌照科查核申請人沒有刑事紀錄之後，便會簽發《保安人員許可證》，有效期五年。

　　筆者生長在草根階層，自小就利用假期做散工賺錢作零用，曾經在酒樓、工廠、商廈、商店和戲院等地方做雜工，在上述每一處場所都會見到有一位工作人員負責出入管理和保安巡邏，這些工友便是保安員的前身「看更」了，這些看更多是上了年紀的男士，不少在工作的地方生活、煮食和睡覺。

　　保安及護衛業管理委員會不想「趕絕」這些年事已高的「看更」生計，因為他們也是根據1956年香港法例第299章《看守員條例（Watchman Ordinance）》領牌工作的，故此在立法時加入了一項豁免規條，讓過去五年內曾擔任過保安相關工作三年者，可免除接受16小時入職培訓而獲牌照科簽發《保安人員許可證》，讓他們繼續擔任保安員的工作，至65歲才退休。

　　基於上述的豁免規條，離職和退休的警務人員亦因而受惠，他們可以在離職兩年內的任何時間前往牌照科，出示離職或退休文件便能獲簽發《保安人員許可證》了，而現職的輔警人員，只要任職三年，亦可獲簽發《保安人員許可證》。

　　現時保安業界不斷提高入職要求，除了要求法例規定的《保安人員許可證》外，亦明文規定申請保安行動職位的人士需具備QAS證書；換句話說，雖然離職和退休的警務人員及任職三年的輔警人員可以直接向牌照科申領《保安人員許可證》，但在執行保安行動職務之前還是需要接受這個16小時的保安基礎課程培訓，考核合格才能取得這張QAS證書。

　　而65歲以上的長者還有工作能力的話，只要獲得「只有一個主要出入口」的樓宇或屋苑的管理人聘任，便可獲牌照科簽發《保安人員許可證》，擔任甲類保安員，這類保安員沒有最高的任職年齡限制，可以做到「百年歸老」為止。

自1996年6月1日起，提供保安服務的公司都需要持有保安公司牌照才能執業，否則屬於無牌經營，換句話説，管制了保安員之後，連公司也列入管制範圍了。

 ## 最低工資的要求

雖然保安員發牌制度實施了20年，業界不少從業員一直以來都是賺取比目前最低工資還低的微薄工資，證明老闆們並不認同保安員的服務是「專業」了，他們只是與清潔工人一樣屬於任何人都可以做的無技術工人而已！但從2013年5月1日最低工資法例實施之後，這批保安從業員才能拿到微薄的最低工資時薪30元，但部份年紀較長的不幸保安員則不獲續約，工作被較年輕的新人取代了。

筆者有28年從警經驗，退休之後投身保安業界之前，曾親身接受了這個16小時保安入職課程，可以用第一身的經驗與大家分享一下這個課程的內容和成效。

這個保安員入職課程是保安及護衛業管理委員會根據香港法例第460章《保安及護衛服務條例》規定而設計，共有12個課題，平心而論，這個入職培訓只是一個基礎而已，學員只需學懂穿着制服、學識一點保安知識、學習使用保安器材、知悉市民拘捕權、認知服務僱主的態度和滿足基本服務的要求、獲知保安業界的基本技能和運作模式，畢業後擔任一名出入口管制員、定點守衛員和巡邏人員時，就絕對似模似樣。故此，將一名待業者轉化成就業者，16小時培訓是足夠的。

筆者曾任教於警察訓練學校，知道大部份培訓的設計都是以「目標為本」的，入職培訓只是如工廠一樣、提供基本的知識和技能，「製造」符合業界基本要求的人員，絕不能就行業內個別工種進行針對性的培訓。

　　教授本人這個入職培訓課程的導師只是一位接受了50小時培訓的「保安導師」，他沒有做過警察、亦沒有做過保安經理，他只根據教材平鋪直敘地教授一些保安員必須知道的基礎知識，過程中完全沒有分享實際的業界經驗，完成課程之後，人員可以站在名店門口做一名「紙板保安員」，穿着筆挺西裝微笑着為客人開門、穿着整齊制服坐在住宅大堂櫃檯後面不斷與住戶打招呼，每天出賣8-12小時光陰換取時薪30元的最低工資，賺取約六千至壹萬元月薪，實在輕輕鬆鬆不太辛苦；但是，就這樣工作的話，無論多少年也不可能成為一名專業的保安員啊！

　　筆者認為，對於經驗豐富的警務人員來說，接受這16小時入職課程可說是浪費時間，他們應該獲得終身豁免這個課程而能取得《保安人員許可證》，同時應獲豁免於執行保安行動職務時需持有QAS證書的規定，因為警察訓練遠比保安培訓嚴格啊！

　　法例通過了20年，大家已經很難見到保安員在工作的地方大模斯樣地開火煮食、更不會見到他們當值時公然開床睡覺了，但要提升從業員的素質、使他們成為一名專業的保安員，則還有一段相當長的距離啊！

　　同樣，僱主們看不到你與另一位新入職的保安員有任何分別時，他為何要每年加添你的工資呢？若干年之後，僱主們何不更換一名更年青、樣貌娟好和笑容甜美的新人，作為花瓶美化一下環境呢？沒有特別工作表現的你，只擁有這些保安人員最低要求所需的知識，除了只能領取最低工資之外，根本沒有職業保障可言，職位隨時會被別人取代，真是可悲啊！

專業的要求

　　保安及護衛業管理委員會、保安業界各協會學會及各培訓機構在過去20年都努力地策劃各種度身訂造的在職培訓供保安從業員自我增值，例如急救培訓、消防大使培訓、近身護衛課程、群眾管理及防暴、交通管理及調查課程、港口設施保安培訓等等，亦有保安深造課程，包括保安調查員技巧專業證書、保安及危機管理專業證書、活動保安高等文憑課程等等，可見保安人員是朝向專業化發展的。

　　筆者個人認為，要成為一名肩負保護僱主人身和財物安全的專業保安員，除了外表和學歷資歷之外，還需具備敏銳的觀察力、較強的解難力和應變力、不可或缺的溝通能力和領導能力，還需擁有主動性和誠實的品格，在事情快將發生之前，他們有能力及早察覺、主動而有效率地解決問題，領導群眾趨吉避凶，最重要的是，面對金錢和私利誘惑時也不會監守自盜！以上所述的能力和品格，絕不能透過培訓而獲得，培訓只能視為啟蒙階段，真正的能力是需要從實踐之中長年累月地磨練和累積而成的。

　　任何度身訂造的模擬事件都不及突發事件般真實，現場環境亦是不盡相同，故此在職場的實地培訓是必要的，在學習和處理事件的過程中，具經驗的上級和前輩能夠加以引導的話，人員必能加速累積經驗，步向專業之路。

　　筆者在學生時期加入紅十字會青少年團，基礎訓練包括步操、穿着制服和急救，成為會員之後經常穿着制服，個人的儀表和表現明顯改善了，連步行時腰背也挺直了；但急救技術沒有施展的機會是不能掌握的，有幸學校每年都有運動會，由我們校內的紅十字會青少年團肩負全場的救護工作，經過四年的磨練，筆者處理過的傷者數以百計，相關技術已成為「肌肉記憶」：洗傷口、傷口護理、鬆筋按摩、包紮、運送傷者等已沒有難度，最重要的是突破了心理關口，在見到大量流血時也不會緊張至手震，對後來的警務工作有很大的幫助。

　　鑑於各保安工種皆有其獨特性，設計在職培訓前導師必須深入瞭解前線人員的運作才能度身訂造培訓內容，可惜大部份企業培訓部門的導師都不是「紅褲子」出身，他們只將學院的理論硬搬應用，以致完成培訓的人員未能在實務工作上有立竿見影的表現。

　　另一個問題是缺乏足夠開班數量的學員，一般企業的人員流動性不會很大，每一個工種同時需要培訓的人員經常只有數名，故此需要組合足夠人數才能開班教授，以致人員在等待培訓之時需自行摸索工作之道了。

　　因此，專業化的第二步，是由具實務經驗的專業保安前輩，在獨立的培訓機構中組合同一工種來自不同機構的從業員進行在職培訓，提供寶貴的知識和技術，幫助大家早日接受該工種的專業培訓，晉身專業保安員之列。另外計劃在五年續牌時進行深造培訓，以確立保安從業員的專業資歷，同時為各工種的僱主提供顧問、管理、培訓和技術等服務。

第2章
出入管制

一般市民認識的保安員工作，只是「行行企企」的簡單工作，這一篇將會分享「企企」的實際工作。

　　保安最前線的工作是出入口管制，在設計上，在各個主要出入口都必需設立保安崗位執行各項保安的工作，而管制的原則是分辨業主、住客、工作人員和訪客，從而阻止擅進者和心懷不軌的壞人進入；如果在設計和執行上出現漏洞的話，整個保安系統將會失效，讓壞人有機可乘了。

　　如果工廠和學校等機構的成員都是穿着制服進出的話，出入口管制相對便會較容易，其他場所便需在軟件和硬件上思考管制的方法了。本書主要針對住宅樓宇和屋苑進行研討。

Security ★ 住客管理

　　對於每天出入的住客，保安員對他們的騷擾應該減至最低，一般伙數不多的樓盤，保安員們很快已能辨認所有住客，讓住客們能無拘無束地自由出入。然而依賴人腦並不是最佳的保安方法，在保安設計上，應該設置硬件作為第一度辨別防線，如主流設計使用的機械或電子儀器開關大閘大門閘機等，將能有效地過濾了住客和訪客兩大類人士，再由保安員監察着系統的運作，防止乘亂「跟尾」進入的擅進者。

　　然而機械開關較易出現漏洞，因為無法管制業主住客和工作人員們複製鎖匙，不少案例顯示賊人都是佩備了鎖匙進入犯案的；而電

子開關包括密碼輸入、電子咭、生物辨識等等，除了指紋掌紋瞳孔臉孔等生物辨識方法較為可靠外，密碼和電子咭亦很容易轉交給其他人使用，伙數眾多的屋苑和人數眾多的機構，保安員未必能察覺出來，被壞人有機可乘，故此需要業主住客們合作才能達致保安的最佳效果了。防止壞人偷看密碼，鍵盤的位置不能面向街外，同時需要加裝屏幕作遮擋啊！

使用電子咭系統，在出入口管制崗位需要安裝顯示屏幕，讓當值的保安員看到最新的業主住客資料及照片，當對方拍咭時，保安員能夠核對持咭者容貌與屏幕顯示的照片，這是把關的重要關鍵。當業主住客遷離後，電腦中的資料需儘快更新，使電子咭失效。

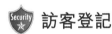 **訪客登記**

業主住客以外的人士都歸納為訪客（Visitor）類別，包括探訪業主住客的親友、長期或短期工作的人員、短暫停留的人士，例如送貨、接送住客的人士等，在辨別他們身份和處理的安排上將會有所不同了，原則上他們在初次到訪時都需進行身份核實和登記的手續，於再次到訪時，便能夠透過電子系統翻查他們在紀錄之中的資料，便能免除或縮短再次登記的時間了。

向訪客索閱的證明文件，包括身份證、護照、有照片的政府部門職員證等等，為保障個人私隱，法定證件的最後兩個數字不應紀錄，因為政府部門在進行刑事調查時，可以根據涉案者的姓名找出一批同名同姓的人士，再參考法定證件的前半部份資料，便足以證明當中的一人便是該法定證件的持有人了。

對送貨和送外賣的人士，索閱職員證件是不可靠的，因為你是無法知道對方是否已經離職，故此應索閱法定的身份證明文件作登記。

由業主住客陪同的訪客一般都無需登記的，故此有壞人在大型屋苑租住單位，便可與同黨自由出入伺機造案了。有經驗的保安員不難

從發生了的罪案總結出這個「木馬屠城」犯案模式，從而協助警方更容易捕獲涉案者。

最後一提的是，業主住客將有客人到訪，請預先通知出入口管制崗位有關之車輛號碼和姓名，便能免除登記由保安員以貴賓看待迎接進入了。

工作人員管理

針對長期或短期工作的人員，除了需有文件證明身份之外，必須索閱附有照片的證件進行登記；例如所屬公司的職員證，然後發出證件供進出之用，證件必須附上近照和不容易私自更換，其工作地區和有效日期亦應清楚在證件上顯示，方便巡邏的保安員監管。證件將在工作完畢之後才收回。

曾經工作的人員紀錄必須正確和保存，筆者在反爆竊特遣隊工作了四年，證實不少案件都是由工作人員乘着工作之便而干犯的，當中有黑工和積犯，在管工的掩護下進入工作，動機是節省工資，但是被剝削的工人卻用自己的方法謀財，保安員不嚴查證件和核實身份的話，罪案可說是必定會發生的。

預防擅進者

擅進者和壞人慣用的技倆包括「跟尾」、偷窺密碼、假扮住客或送貨等，缺乏經驗的保安員不難被經驗豐富的對方突破防線；因此安裝監控鏡頭亦是有效的預防和補救措施，慣匪看到監控系統，知道案發之後警方會翻閱錄影紀錄，他們的身份便有機會被查出來，故此不會冒險犯難，另選地方犯案。

　　遇到強闖的擅進者，切勿與對方直接衝突，招致無謂的損傷，只要監察對方的去向、記下對方的個人詳情並通知同事協助處理，有需要時報警求助，實行「關門緝盜」！

 ## 車輛管制

　　車輛當然亦分為業主住客和訪客兩大類別，可參考以上住客、訪客、工作人員及預防擅進者的安排，預先為車輛發出進出證件，儘可能將訪客車輛限制在邊緣地區，減少管理範圍內的車輛流量。

　　現實中不少屋苑在保安設計上只考慮了安裝硬件管制車輛的進出而疏忽了行人可以經由車道自由進出，從而出現了保安漏洞，故此保安員在保持車輛出入暢順的同時，還需要留意擅進的可疑人物啊！

必須注意擅用車輛通道進入的疑人

其次是忽略了車上的司機和乘客，被壞人有機可乘，不少案例顯示賊人必須使用車輛才能運走失物，但無法從錄影紀錄中找出離開的可疑人物或車輛，因為離開的車輛從來不會被檢查，這個正是典型的「木馬屠城」犯案模式啊！

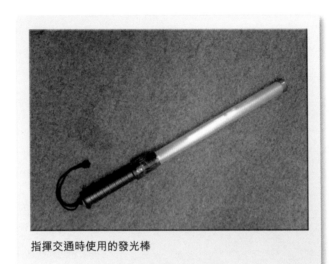

指揮交通時使用的發光棒

以的士為例，保安員可要求乘客出示住客證或進行訪客登記，但攜帶的物件便無權檢查了，其他貨車也一樣，有人躲藏在內亦不能察覺啊！而住客駕駛私家車進出更毋需檢查乘客的身份了，這些保安漏洞都是極需留意的。

於晚上及天陰時候當值時，必須穿着反光物料的衣物保護自己及使用發光棒吸引駕駛者注意。

指揮交通時首先需站立在路邊讓司機能夠見到你的地方，切勿突然走進車道之中危及自己的牲命，跟着才向着迎面而來的車輛發出指示，不應截停太接近的車輛，因為緊急煞掣將會出現撞車或失控的危險。

上一篇分享了「行行企企」的「企企」部份,這一篇將會與大家分享「行行」的實際工作。

第 3 章
巡邏

🛡 巡邏要求及技巧

巡邏的主要目的,是巡查管理範圍內的安全狀況,保障居民和財物的安全。為了監管保安員的巡邏路線和巡邏時間,管理人便在預先設計的巡邏路線上放置簽到簿或安裝電子儀器,以記錄人員到訪的時間。

不少保安員為了應付管理人和設計上的要求,便準時地按照安排而簽簿或打鐘,在巡邏途中卻對身旁事物不聞不問視而不見,此為不稱職和本末倒置的表現也。

保安員巡邏是負有觀察異像和預防罪案的責任,簡單地說,每次巡邏時都需要提高警覺、細心觀察環境並與之前記憶中的圖像作比較,發現異像時需本着求證的心態去查究原因。

為了個人安全,巡邏時人員雙手切忌手持物件,當遇事時雙手可即時反應和拔取裝備應用。步行時保持輕聲以留意異聲;在轉彎位置應遠離危險角位,眼先到才身到。巡邏路線應不規則地經常轉換,勿被壞人掌握。

遇到陌生人應禮貌地詢問,遇異樣行為應主動處理,忌膽怯和逃避,因為視而不見的結果,對方將會得寸進尺,事情和行為將會必然再次發生,那時才處理將會更難,事態嚴重的話將引致閣下飯碗不保。

因此遇事莫怕事,在事情剛發現時便要即時處理,不能讓其惡化;切記保安工作類似一支球隊,各有崗位和專長,需要團隊合作才能達致最佳效果,能力不及時便要求援,必要時更要報警求助。

 ## 基本裝備

哨子

穿制服的保安員一般都佩戴一條肩繩,這條肩繩不是裝飾品,而是連着一個哨子,在緊急時召援和溝通之用,例如追賊時邊追邊吹哨子,吸引附近的同事或住戶援手。

哨子

警棍

在腰際佩掛俗稱「矮瓜」的短木棍,是保護保安員自己或別人免受傷害的合法武器,在制止有兇暴性或持有武器的人時使用的。

警隊的警棍訓練參考了戰術、法律和醫學三方面專家的意見而制定,並且經過了法庭的嚴格審判

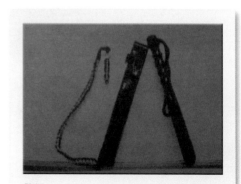

警棍

考驗，從而具備足夠的認受性，故此參考警隊的訓練是極為穩妥的選擇。使用警棍打擊對方時，絕對不能針對頭部、身體和關節，因為有機會引致嚴重和永久的傷害，只能「合法地」打擊對方的手腳神經叢，使對方短暫失去活動能力。

電筒

日間也有暗位，隨身佩備了小型電筒便隨時可用；如需長時間使用宜用大型電筒，具散射聚焦和防水功能較佳，不用時佩掛在腰際，勿手提；工作時宜用頭燈，讓兩手能同時工作。

大型手提強力電筒

業界習慣攜帶一支呎長金屬電筒代替警棍，特別是穿便服工作的保安員，供照明與防衛兩用，萬一受到突襲，金屬電筒用作自衛當然沒有問題，但打擊對方時電筒將會變成攻擊性武器而違法了，所以電筒只能「擋」不能「打」啊！

呎長金屬電筒

無線電通話機

　　保安是一項團隊協作的工作，無線電通話機作為溝通工具是必需的，首先是保障保安員的自身安全，讓同事知道巡邏人員的位置和情況，其次是於有需要時求助。

　　請使用耳線以保持雙手自然活動，並測試工作環境中存在的通訊盲點作出改善或適應。人員應專心巡邏，發現異樣時報告控制室並代為記錄，不應分心在現場筆錄。

　　遇到惡劣天氣時，使用防水膠套將能有效地保證器材能正常操作。

在防水膠套內的無線電通話機

筆及記事簿

　　隨身攜帶在需要記錄零碎而不宜透過通訊機溝通的資料時使用。亦可選用智能電話內的記事簿功能。

簽到工具

　　最古老的系統是使用「簽到簿」，人員只需攜帶一支筆便可巡邏；先進一點的是「機械巡更鐘」系統，人員需攜帶一個機械「更鐘」沿巡邏路線依次取出掛在牆上的鎖匙為「更鐘」上鍊；最新的「電子巡邏」系統，人員攜帶一支電子讀取器，沿巡邏路線讀取貼在牆上的電子金屬鈕的資料。

電子金屬鈕

　　「簽到簿」和「機械巡更鐘」系統已是面臨淘汰的「古董」,從監察和巡邏兩方面來考慮,「電子巡邏」系統都是最佳的選擇,但單人盤(只有一位保安員的樓盤)是沒有必要浪費資源在行政之上,「簽到簿」系統已能滿足管理之用。

支援系統

　　如上所述,保安是一項團隊協作的工作,控制室的設置是協調和支援各人員的工作,就算是單人盤也應安排支援系統,例如與附近的單人盤合作互相支援、亦可由法團擔任支援的角色。

疑人異樣處理

　　發現疑人時首先跟蹤監視和報告,召喚同事協助處理,切記保安員並非警員,非必要時不應執行拘捕,有需要時報警後才協助警員搜捕,最多看守着對方等候警員到場後拘捕。

　　壞人都是取易不取難的,保安員應經常保持防爆竊(Anti-burglary)意識,尋找保安漏洞並堵塞之,賊人察覺實施了的預防措施,將會知難而退。

第二篇：
中級保安

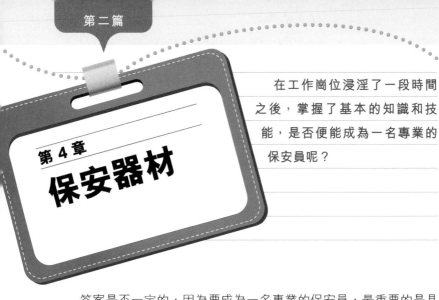

在工作崗位浸淫了一段時間之後，掌握了基本的知識和技能，是否便能成為一名專業的保安員呢？

第 4 章
保安器材

答案是不一定的，因為要成為一名專業的保安員，最重要的是具備溝通、應變和領導等能力，需要從實踐之中累積經驗才可達致的，如果缺乏機會磨練、沒有前輩指點、自己又未具自我完善的能力，虛度時光之後還是並不專業的，如欲更上一層樓成為高級保安員或督導者，便需每天不斷學習來自我增值，除了要深入認識整個保安系統的運作外，還需提升自己的應變能力、主動性和積極性，業界的學問多得很啊！

保安器材始終是死物，遇到有經驗的慣匪，不難被對方突破進入監管範圍內犯案，故此需要依賴具經驗的保安員把關，才能發揮保安器材的優勢而達致最佳的防守效果。

筆者從親身處理過的千多宗爆竊案中吸取了寶貴的經驗，多年以來不斷與物業管理人員和保安員分享調查後所得的結果，攜手改善保安系統。

圍牆圍網圍欄

圍牆

七呎以下高度的圍牆，一個略具身手的人很容易便能爬越，只要跳起離地一呎雙手抓着牆頭，繼而發力拉起身體便可伏在牆頭之上，

提起單腳便能翻過牆頭進入了。七呎至十二呎的圍牆，兩人騎膊馬、一人便可以爬上牆頂。

筆者曾接受外展訓練，在沒有任何輔助物之下、十名組員全部成功攀上十四呎的高牆上面！原來一個人雙腳踏在另一人雙手之上，雙手發力往上推高另一人時，那人便能輕易爬越十四呎高的圍牆了。

因此，七呎以下高度的圍牆，除非牆頭另有防盜安排，否則，在賊人眼中便等同廢物；

只能防君子和阻擋汽車的矮牆

矮牆的作用有限

七呎至十二呎高度的圍牆才能發揮防止爬越的作用

對一名普通人來說，七呎至十二呎高度的圍牆才能發揮防止爬越的作用，但不是絕對安全，牆頭必須加裝防盜設施增加攀越的難度；如果鋪上一層英泥並插入玻璃片或尖釘之類等物料，阻嚇性

牆頭必須加裝防盜設施增加攀越的難度

牆頭裝上電網

將更強；在圍牆遍植有刺的攀爬植物，既美觀又可阻止賊人攀爬啊！十二呎以上高度的圍牆，一個人沒有輔助物將很難攀越，如果牆頭採用圓頂沒有手抓點，賊人便不能攀抓和停留，安全度便大增了。

圍網

一般圍網都是利用柱子固定、與地面呈九十度地豎立在地面之上、包圍着整個屋苑，為了節省金錢的緣故，工程人員在安裝時會使用較少柱子，致使兩根柱子之間的距離拉遠了，因而兩根柱子便承受不了圍網的重量而變形，除了直接降低了圍網頂的高度外、圍網更變成為一幅一幅的傾斜面，賊人便很容易爬越；較嚴重的情況，圍網的重量會將柱子完全拉倒地上，變成一個大缺口。

另外，圍網底部沒有固定裝置的話，賊人只需用身緊貼着圍網底部仰天而臥，便可輕易從網底滾往另一面去！賊人還可抽起圍網或在網底挖掘泥土，只要攻破一點，整個圍網便形同虛設了。

很多圍網會延伸至屋苑後面的山坡和樹林，凹凸不平的地面，會使圍網底部露出空間；圍網橫越山溪或雨水渠上時，更會露出一個大洞，供賊人經山溪或雨水渠自由進出。

更可笑的是圍網延伸至樹林之內或山坡邊便停止了，工程人員騙得了屋苑所有人，卻騙不了從樹林和山坡而來的賊人，圍

圍網圍欄盡頭的開放缺口，賊人只需從圍欄外面轉身便能繞到圍欄裏面了。

網根本發揮不到防盜的功效！賊人只需抱着穩固的支柱，便能從圍欄外面轉身繞到圍欄裏面了。

最離譜的情況是平價的圍網，編織成圍網的每條鐵線，只有普通家用晾曬衣架般粗幼，賊人使用一把家用的剪鉗已經可以輕易地把鐵線剪斷，被剪斷了的一條鐵線被拿走後，圍網便像拉鍊打開了一樣被分開了，有如一扇虛掩的活門，賊人不單能自由出入，搬着大件電器離開也可以呢！

圍欄

圍欄由鐵枝建成，比圍網更堅固，方形的鐵枝又比圓形的鐵枝堅固，如上所述，七呎以下高度的

圍欄

不少屋苑的圍欄，基本上提供了踏腳點，讓壞人如爬梯一樣自由進出。

圍欄，除非欄頂另有防盜安排，否則只是一個象徵式的界線，七呎至十二呎高度的圍牆才能發揮防止爬越的作用，但在設計上需注意防盜，現實中有不少屋苑的圍欄，基本上提供了踏腳點，讓壞人如爬梯一樣自由進出！就是欄頂加裝了防盜裝置，但漏洞處處，使圍欄變成形同虛設。

欄頂加裝了防盜裝置，但漏洞處處，使圍欄變成形同虛設。

刺網電網

刺網

在外圍防線的設計上，無論是圍牆、圍網或圍欄，最多人選用刺網放在頂部，筆者提醒各位，在選料時需注意鐵線的堅硬度，平

平價的鐵線極容易被剪斷

價的鐵線極容易被剪斷；安裝時需注意足夠和穩固的支持點，否則很容易被賊人破壞使刺網掉下來。現時最可靠的是刀片狀的不銹鋼刺網，安裝在角鐵支架之上。

刀片狀刺網

另一個需注意的是在刺網上面生成的大樹幹，不少案例顯示賊人爬到樹上以繩索從樹幹上落下犯案，甚至乾脆從樹幹跳下，犯案後大模施樣地從正門離開。解決方法是在樹身或樹幹之上加裝刺網，並且需經常修剪接觸到刺網的植物。

電網

部份豪宅會安裝電網加強保安，在外形上亦比刺網較為美觀，但存在不少缺點，包括電壓負荷過量時電流會短路、潮濕植物長時間接觸電網也會引致電流短路、意外觸電傷人亦時有所聞；安裝和長期營運的費用不菲之外，短路期間將出現保安漏洞。

圍欄之上安裝電網

電網上之警告牌必須清楚

脈衝式的電流絕不會電死人

閉路電視系統

從保安鏡頭之安裝，基本上可以顯露出安裝者是一位「行家」還是一名「門外漢」！例如兩個鏡頭彼此背向安裝，兩個鏡頭之間便出現了一個盲點，這個盲點足以讓賊人越過防線了。

安裝外圍鏡頭的原則是全部順着同一個方向，每一支鏡頭都能看到下支鏡頭，整個外圍便沒有漏洞，賊人干擾任何一支鏡頭時亦會被察覺到。

不停轉動的鏡頭是不理想的，賊人掌握了鏡頭轉動的規律後，便可乘着

從兩個背向的鏡頭接近，不會被攝入鏡頭內，可以爬越或拆掉鏡頭。

16分隔畫面顯示屏

鏡頭移開之瞬間越過防線了，故此採用固定的廣角鏡頭為佳；另一方面，控制室內的保安員看着不停移動之畫面，遠比看着固定的畫面傷神，亦較難發現郁動的異象，相反，在固定的畫面較易察覺郁動的異象啊。

顯示屏採用16分割或以上的畫面，同時顯示16支或以上鏡頭的影像，便毋需安放大量顯示屏了，有足夠的顯示屏，就算有數百支鏡頭的影像，也毋需不斷轉換畫面了。

保安監控電視

現一般保安鏡頭都會加上保護箱或反光外罩，不讓賊人見到裏面的情況，可運用「裝假狗」戰術安裝大量沒有攝錄鏡頭的反光外罩以收阻嚇功效。

30分割畫面顯示屏，正顯示夜視鏡頭拍攝的影像。

　　大部份賊人在犯案時都會戴帽戴太陽鏡甚至口罩，故此可在一些戰略位置安裝隱蔽的針孔鏡頭，不讓賊人發現而拍下其容貌。

　　外圍的保安鏡頭，在夜間需配合燈光才能拍下清晰的影像，否則需使用較貴的紅外線鏡頭，便毋需安裝照明系統了。

　　監控系統必須具備錄影功能，供事發後翻查之用。現時電腦科技發達，高科技儀器的價格不斷下降，數碼系統24小時不停錄影，普通的硬盤亦能儲存最少一個月的保安鏡頭影像，記憶體用盡時影像會自動覆蓋最早日期的影像，如果有需要保留某些片段便需儘快複製了。

保安閉路電視系統告示板

在全黑情況下也能拍攝清晰影像

物體偵察系統

　　安裝「移動感應器」有助偵察移動的物件，為了排除植物被風吹動時引致的干擾，通常會與「熱能感應器」一併使用，筆者曾使用系統三個月，記錄顯示超過三百次鳴響，翻閱錄影之後證實觸動警鐘的大

「移動感應器」與「熱能感應器」一併使用，警鐘和射燈阻嚇入侵者。

部份是飛禽走獸所為，小部份是工作人員觸動，證明系統非常可靠，細如地上啄食的雀鳥也能偵察得到，調較感應器的敏感度後，便可免除小動物對系統的干擾了。

移動物體偵察系統

其他感應器包括「對射式紅外線感應器」、「玻璃損毀感應器」、「磁控管開關」、「超聲波感應器」、「微波控測器」、「震盪感應器」……等等，部份只需數百元便能買到，可自行安裝應用。

警鐘預警系統

首先，我們必需理解，如果沒有警報器，賊人正在撬門窗或剪圍網，根本沒有人會察覺，不發聲的感應器有何作用呢？故此需要另作安排，將偵察系統連接警報系統，協助保安員作出反應。

主流設計分兩大類，一類是只在保安控制室安裝警報器，不讓入侵者知道已被發現，從而調派人員將他拘捕；另一類是希望阻嚇入侵者，便在感應器附近安裝警鐘和射燈，讓對方知難而退。

不少人以為警鐘會接通警署，警員接報便會趕來搜捕入侵者，這個概念是不正確的，所有系統都只會接駁至保安控制室，由保安員初步處理，有需要時再由保安員報警求助的。

在很多「各家自掃門前雪」的地區，賊人是不怕發聲防盜警報器

的！專業的賊人更會由多人監控附近的情況，如果沒有人作出反應，賊人便會繼續做案；故此，就是堅固的堡壘，如果沒有守衛看守，它也會被敵人攻破的！因此，空置在荒郊野外的豪宅，一旦被匪徒盯上，它終會有一天被匪徒爆竊搜掠，防盜器再響也沒有作用！故此，警報器被觸響後，事主、保安員或警方等都需儘快趕往現場視察，正常情況下前往現場察看都是沒有發現的，因為觸動儀器的物體已經離開了，這個動作起碼讓壞人「看到」大家對警報的「反應」。

　　警方對警報的反應共分為三個級別，正常情況之下，警方接到防盜警鐘被觸發的報告，會定為一級報告，警員會於七分鐘之內趕到現場調查，如果現場沒有人，會在屋外把守，直至屋主返回，讓警員進入現場調查為止。

　　但是，同一個單位於某一段時間內「誤鳴」若干次的話，警方便會將該單位列為二級，當接到警鐘被觸發的報告時，會通知警員為二級報告，警員亦會於七分鐘之內趕到現場調查，但是，如果現場沒有人的話，便不會留守現場，只會兩小時巡視一次，直至屋主返回協助調查為止。

　　當同一個單位於某一段時間內「誤鳴」更多次數的話，警方便會將該單位列為三級，當接到警鐘被觸發的報告時，會通知警員為三級報告，警員便毋需趕往處理，只會順路才視察一下，直至屋主返回才通知警員前往調查。

🛡 狼來了

　　防盜器是否能夠達致防盜效果，最終視乎使用者能否善用自己的系統，儀器會誤鳴，賊人亦會故意製造「誤鳴」；故此，大家必須熟悉儀器的可靠性，並透過現場調查才能核實是否誤鳴。

　　筆者處理過的爆竊案，大部份安裝了防盜系統的單位，在事前都是不斷「誤鳴」，被警方定為三級之後才出事。其他亦是於保安員或

事主不勝其擾之後將系統關掉後被入侵。因此筆者不斷提醒用家們，「誤鳴」正是壞人「投石問路」的訊號，大家更需提高警覺。筆者擔任反爆竊特遣隊時，與管區內的屋苑保安員及居民們組成情報網絡，發覺「狼來了」模式時，便調派人員到目標地區埋伏，警報器響起時便收窄包圍圈，與保安員或居民們施展「裏應外合」之法，多次成功拘獲匪徒。

沒有錄影設備供查閱，遇到「狼來了」模式，必要時需暗中監視防線的動靜，在漫長的監視過程中自然會比較痛苦了！

生物辨識系統

前文曾提及的生物辨識系統，包括指紋、掌紋、瞳孔和臉孔等等，是現時最可靠的保安過濾系統，身份是無法代替的，在保安級別最高的範圍使用。

隨着科技普及化，不少大企業亦已使用，就如使用智能身份證加指紋過關般方便，在所有出入口安裝，節省不少保安員崗位；富豪們在豪宅中安裝的系統，連智能咭也不用，只需按指紋便能開門進入大宅。

出入口及升降機鏡頭

筆者處理過不少多層大廈內發生的爆竊案、行劫案及風化案，雖然有安裝防盜錄影系統，但拍攝到的疑犯影像大部份都是戴着鴨咀帽，安裝在高位的鏡頭便拍攝不到其容貌了。

現時針孔鏡頭普及，可以在出入口大門框和升降機的按鈕板上暗裝鏡頭，將能有效拍攝到戴帽的賊人容貌；各位可能不知道，很多鳳姐們已在大門防盜眼及大門對面暗裝針孔鏡頭，接駁至室內的電視和聯防姐妹的錄影系統，有效地監控着室外的情況，產生極有效的阻嚇力。

🛡 鎖具系統

門鎖是家居安全的第一道防線，與防止爆竊有着密切關係，賊人都是「取易不取難」的，質劣的鎖具只需一支螺絲批已能破壞，在慣匪眼中形同虛設。

早前有幸認識耶魯（Yale）香港總負責人麥可風先生，得知耶魯在1840年發明了第一把門鎖，並成為全球首間鎖具公司，怪不得香港懲教署和警署的門閘都是使用耶魯鎖了。

在2013年6月20日至25日香港大學民意研究計劃進行了一項調查，以電話訪問形式訪問了520名22至55歲的香港居民，結果發現港人的家居防盜意識薄弱，約三成曾經未鎖好大門或鐵閘便離開住所；約一成半因亂放或忘記拿走門匙，導致遺失鎖匙；約三成曾發現門鎖有問題，例如不能暢順地鎖門或開門，但沒有即時更換門鎖。

筆者曾處理逾千宗家居爆竊案，證據顯示，住所存在保安漏洞便很容易招惹賊人入屋爆竊，故此門窗必須關好並上鎖，門鎖最好選購具防撞擊、防鑽、防鋸和防剪的高質素產品，並且配合實木木門。

鎖匙的管理亦重要，切勿外借以防止複製，亦可使用高科技生物辨識系統啟動機械開啟，包括指模、掌紋、瞳孔、臉孔等，比數字密碼和聰明咭更安全。

各位在提升保安功能的同時必需兼顧逃生的考慮，當電子鎖具在停電時必須是自動開啟而非緊鎖，故此須考慮後備電力在停電時供應主要出入口的鎖具運作，將電子鎖具重新上鎖，居民逃生時亦能按掣開門了，同時保安員在停電時需作出反應，看守各主要出入口，防止有人渾水摸魚。

單位防盜系統

　　住戶單位內的警報系統一般安裝在主人房內，供緊急時向保安控制室求援，巡邏人員登門調查時須提防警動室內的賊人，宜先從大門及附近單位小心觀察異樣，有可疑便即時報警處理。沒有異樣需向戶主查詢時要有禮和冷靜，一名人員說明到訪原因後必須進入單位內重置警鐘，同時核實沒有賊人脅持戶主家人，另一人員則留在單位外面擔任支援，遇到任何突變情況可用對講機向控制室求援，不會被躲藏在內的賊人「一網打盡」。

 全方位防盜系統

　　上述各項系統需要配合使用互補不足，亦避免重疊而浪費資源，曾見過某屋苑的保安設計有如一座高度設防監獄，可惜沒有留意地形地質等元素，以致外圍防線與地面之間出現十數個漏洞；熱能探測、移動探測和閉路電視等系統亦不配合，以致警報響起時鏡頭看不到觸發警報的物體，保安員前往察看時當然甚麼看不到了，找不到嗚響的原因便以「誤嗚」來解釋了。

　　各位必須詳細瞭解和測試保安系統，找出漏洞然後改善之；管轄的範圍亦需熟悉掌握，善用各種保安器材，便能發揮「一夫當關、萬夫莫過」的成效。

　　外圍的龐大莊園和古堡，都是依賴高科技儀器，再配合數名具經驗而備槍械的護衛。

第 5 章
交通管理

筆者擔任交警十年,曾任執行管制組、交通投訴組、意外調查組及交警教官等,亦曾擔任數個大型屋苑的業主委員會和法團改善交通系統。

屋苑交通系統的設計規劃,將直接影響着入伙後的交通管理和用家的人身安全,故此在設計初段便需徵求交通和保安專家的意見,不然的話,當問題在日後出現時才糾正將會十分困難,所謂「牽一髮動全身」,種種限制將阻礙改善措施的實施,問題將不能完滿地解決。

私人地方及私家路

首先,各位必須認知「私家路 Private Road」不等如「私人地方 Private Place」,兩者的法定權力是有分別的,在私人地方的執法權限十分有限,於80年代,中文大學校園內發生車禍,引致一名學生死亡;可是,中文大學校園屬於私人地方,交通法例不能被引用執法,故此警方無法起訴,這次事件之後政府修訂香港法例第374-O章「私家路條例」以堵塞漏洞。

　　這個轉變十分重要，有了這套法例，當年的太古城、康山、康怡、杏花邨、黃埔新邨、美孚新邨、麗港城、康樂園、錦繡花園、香港大學……等等大型屋苑機構的管理人便能根據法例規定向運輸署申請劃出「私家路」範圍，刊登憲報然後豎立所需標誌標記，警察及交通督導員便可在「私家路」範圍內執行指定的交通法例，保安員也可執行根據地契公契訂立的條例，有效地管制交通、保障範圍內的道路使用者，遇有力有不逮的違法行為時，更可向警方及運輸署舉報要求協助執法。

私家路入口法定標誌

道路系統設計

國際主流的道路交通
設計原則是:

- 人車分途;
- 單向流動;
- 避免交差重疊;
- 斜坡宜上行;
- 寬闊空間;
- 清楚指示;
- 自動運作。

左面駛來的汽車可將金屬車輪路擋壓
下,右面反方向駛來的汽車,車輪將會
被金屬路擋刺破和阻擋,保證單向行車。

各種交通標誌必須清楚顯示

　　以上的七大原則在過去二十年已證明行之有效，各國的衛星城市和新建的屋苑都依據着這些原則而設計範圍內的道路，保障了道路使用者的安全；遺憾的是筆者看到香港不少中小型屋苑的發展商為了遷就其他設施而罔顧居民的人身安全，以致入伙之後問題便浮現，最終引致人命傷亡。

　　右邊是某大型屋苑地庫停車場之平面圖，其設計違反了上述三個大原則（原則2至4），在入伙之後的一年內，右頁上圖的十字路口先後發生了十多宗碰撞事件，經筆者建議之後，更改為右頁下圖的安排，以後再沒有撞車事件發生了。

兩條行車線之間的分隔膠柱

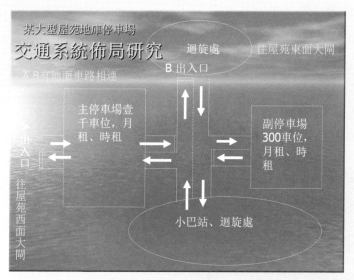

某大型屋苑地庫停車場原交通安排，所有車輛都能直駛或左右轉。

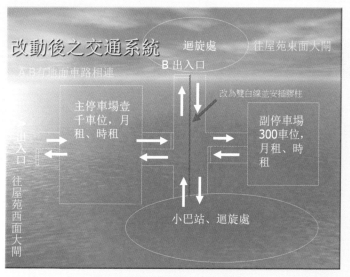

改動後所有車輛需駛進迴旋處作為緩衝，不再重疊。

使用者安排

　　業主和租客當然希望將車輛駛至家門前，但是基於人身安全和居民的健康為大前提，屋苑內行駛的車輛當然是越少越好，車速更絕不能快，當未能做到人車分途的時候，可考慮在道路路面加設「路拱 - Ramp」，促使駕駛者慢駛。

路拱 - Ramp，促使駕駛者慢駛。

　　在設計車輛出入口時，需要預留位置供臨時到訪的車輛停泊辦理登記手續，亦需考慮不獲進入的車輛有掉頭離開的通道，避免造成阻塞。

　　訪客停車場最好能設置在屋苑邊緣，讓乘客下車後辦理訪客登記手續。

　　大型車輛將產生較多空氣和噪音污染，對路面的破壞亦更大，因此貨車和大型校巴都應安排在屋苑邊緣上落客貨。

　　因應繁忙時段需要安排彈性管理措施作疏導，若車輛受到外面的公共交通系統阻塞，便需聯絡警方協助疏導；相反，如果管理範圍內的車輛對外面的公共交通系統造成阻塞，便需阻止車輛等候進入（例如停車場和屋苑正門）或指示造成阻塞的車輛駛離了。

交通違例處理

車胎鎖 1

　　香港法例第374-O章，私家路擁有人有權拘鎖違例停泊的車輛，並向車主徵收 $320 後才解鎖。執行這項措施時避免讓車主有機會投訴車身被弄花，現時除

車胎鎖 2

了使用車胎鎖之外，亦有改用小型水馬放置在車輛的前後，完全不需接觸違例車輛。

如果車輛造成嚴重阻礙或長時間違泊，私家路擁有人有權拖走違泊車輛，拘押在安全的地方，向車主徵收 $350 拖車費及每天 $320 泊車費後才放車。如上所述，拖車之前必須拍攝車身前後左右的照片，證明該車車身的現況，拖至擺放的拘押地方後再拍攝一次，證明在拖車過程中沒有造成任何損傷，在對方取車時最後拍攝一次，證明交回車輛時的完好狀況。

小型水馬放違例車輛前後，不需接觸車輛。

交通罪行處理

私家路的性質與公眾道路無異，所有車輛必須在運輸署登記之後才能在私家路上行駛，車輛在行駛和停泊期間都須顯示車輛的登記證；駕駛者亦須攜帶該車輛的駕駛執照，否則違法，但保安員無權向司機索閱駕駛執照，有懷疑時只能報警求助。

雷射槍

同樣，在私家路內發現醉駕或藥駕行為時，應即時報警求助，由警方搜集證據檢控。對於其他例如超速、危險駕駛、不小心駕駛、不依交通標誌之類的交通罪行，基於報警後證據已經消失，需要由報案人提供證據和擔任證人才能檢控；故此保安員需要接受搜集證據和擔任證人的培訓了。簡單的應付方法是攝錄，利用影片來支持證人的證供。

證明車速的方法亦很多，包括使用秒錶、車速儀錶、車速顯示儀、車速偵察器和行車紀錄儀等，利用前兩者的執法成本較低，專線小巴公司則撥款安裝車速顯示器、大機構如隧道公司則使用昂貴的偵速雷達、巴士公司則安裝行車記錄儀等等，無論使用何種方式，使用者都需接受專業培訓，才能滿足法庭的舉證要求。

的士罪行是最常見和最燙手的難題，對保安員來說是又愛又恨，愛的是當居民有需要時能即時提供所需服務，恨的是的士等候乘客時造成阻礙，不遵從保安員指示時甚至發生衝突，為了保護保安員的人身安全和搜集證據，在的士站範圍裝設監控錄影系統是必須的。

交通意外處理

　　大部份涉及交通意外的司機，其着眼點並不是將違規的司機繩之於法，而只是關心於保險和賠償等與金錢相關的問題，對於違規的司機而言，當然希望大事化小、小事化無，以銀彈換取脫身機會了。

　　根據道路交通條例第374章第56(2)條規定，沒有人受傷的交通意外，司機只需向涉事對方提供姓名及地址、車主的姓名及地址和該車輛的登記號碼等，便不用報案，其後雙方可自行解決賠償的問題，故此便出現「私下和解、賠錢了事」的處理方式了。然而，香港地人心險惡、言而無信，在私下和解的過程中必須打醒十二分精神，否則會後患無窮。最保險的處理方式，是在交通意外現場即時收取現金賠償，然後彼此簽署字條，證明大家已私下解決事件，以後不會追究對方。

運輸署印製的交通意外須知

身為當值的保安員，曾經到場的話必須拍照和填寫「事件報告」作記錄，萬一事件「翻發」之時，你將會成為獨立證人，被傳召到法庭講述當時當地你的所見所聞，基於控方需提出證據指控違例者，並根據有關法例檢控，如果存在有任何疑點的話，利益將撥歸被告！因此，你在交通法庭的證供是「甚麼也不知道」的話，受害人未能取得滿意的結果時，遇到有錢的受害人，他將會用民事訴訟的方式轉移向你及保安公司追討責任，理據是案發時違規司機因為理虧而答應賠償和解，事後不守承諾而需尋求司法協助取回公道，因為閣下曾經到場處理但在法庭上未能說出當時當地的所見所聞，雙方各執一詞引致法庭未能在毫無疑點之下作出判決，受害人便只能在民事庭向對方、你的公司和你本人追討賠償了。

對於有人受傷的交通意外，法例規定是必須報案的；因此無論傷勢輕重，請立刻報警和保持現場不受干擾，萬一造成嚴重阻塞，可拍照之後將車輛移往路旁，在警員抵達之後協助調查。

停車場管理

大型停車場一般會採用自動化的停車場管理系統來調節車位的供應量，以八達通和橫閘管制出入口；如上文所述，橫閘絕不能管制行人進出，乘客亦未能有效地管制，因此外圍的保安防線亦需後撤了，基於這個保安漏洞，結果是停車場內經常發生盜竊和偷車等罪案了。

沒有保安員當值的停車場出入口宜安裝空間較密的閘門而非單條橫閘，並配合監控錄影系統由控制室人員監控。

停車場需要由保安員不時巡邏和由錄影系統監控；保安員需每天巡視及記錄過夜車輛的泊車證，如有違泊便即時在擋風玻璃放上警告通知和拍照，有需要的話根據管理條例鎖車和罰款，甚至拖車拘押。

自動化的停車場管理系統－讀卡裝置

自動化的停車場管理系統

🛡️ 偷車衝閘

　　曾有案例顯示車輛進入車場之後不翼而飛，出口之橫閘亦完好無缺，翻查錄影見到被偷的汽車慢慢駛出，車頭在橫閘底部通過後，橫閘沿着流線型的擋風玻璃被慢慢推高往車頂，汽車便在橫閘之下慢慢駛離停車場了，存在虛位的橫閘並未因而折斷或損壞。

　　針對偷車的可能性，現時可安裝攝錄配合「物體移動偵察器（Motion Detector）」和「車牌辨識（Registration Identification）」軟件的系統，便能防止汽車被偷了。如要阻止衝閘，金屬車輪刺（Tyre Trap）或升降斜台（Rise Terrace）是最後的保安選擇了。

升降斜台

第 6 章
違反公契規定

違反公契規定只屬民事範疇，需花費金錢交由律師和法庭處理，可惜法庭頒下禁制令之後還是需要由業權持有人執法，故此宜用行政手段根據公契規定阻止違法行為，遇到對方不服時，由對方採取法律行動制止管理人干擾，將能節省不少金錢和時間。

違例養狗

飼養寵物是最常見的違例情況，如果住戶自律沒有對其他住戶造成滋擾，保安員都會「隻眼開隻眼閉」，當有住戶投訴時便必須處理

不准豢養犬隻告示

了，但寵物始終是生命，切勿過度反應逼令寵物主人將寵物拋棄或殺掉，只需設法讓投訴人「滿意」便能解決事情，例如寵物主人使用嬰兒車或提籃運載小動物出入、大型動物則在住戶較稀疏時才出入，並由主人牽引和戴上口罩、消除寵物在單位內發出的噪音和氣味等等，採用協商的方式遠比申請法庭禁制令將會更為有效，除非遇到極不合作的寵物主人或情況嚴重時，阻止寵物主人攜帶寵物進入屋苑亦是可行之法，就如大部份公眾地方都禁止攜犬進入一樣，逼使對方另選合適的屋苑居住。

 ## 無牌賓館

　　30多名花枝招展的內地歌舞團團員從旅遊巴士下來，拖着旅行喼進入兩個住宅單位過夜，每天早出晚歸，一星期之後離開，每個月約有兩至三個團到臨，以上的現象明顯地將民居作為賓館用途了；根據香港的法例這類單位屬於「無牌賓館」，可是法團向政府投訴時，卻在政務署、消防處、屋宇署……等部門之間不斷推卸，沒有政府部門專責執法。

　　法團撥款申請禁制令禁止兩個單位的業主繼續這個違法行為，花了大筆律師費後情況並未能改變，因為策劃者租了另外兩個單位繼續經營，禁制令便變成了兩張廢紙！

　　筆者出席法團會議時試圖找出問題重心所在，原來住戶關注的只是歌舞團團員出入時阻礙其他住戶使用升降機、「美女」們夜間聚集在地下大堂造成噪音和「可能引發」有傷風化的行為。針對上述「投訴」，筆者教路之後由保安經理與策劃者協商，訓示團員們需讓住戶優先使用升降機及夜間不能在地下大堂聚集，問題即時便化解於無形。

　　第二步是要求這些團員訪客由業主陪同逐一出示證件進行登記，浪費業主和她們的時間，此招一出，業主即時要求與策劃者解除租約；其後策劃者預先為團員們進行集體登記，避免麻煩業主；當筆者

建議法團通知業主：團員名單、表演地方和住處的資料將會通知入境處，思疑內地歌舞團團員來港非法工作，業主將有機會一同被控協助「黑工」的罪名，此絕招一出，業主們登時魂飛魄散害怕惹上官非而與策劃者解約，策劃者也另找地方經營宿舍，從此「無牌賓館」便在屋苑消失了。

一樓一鳳

　　不少妓女在住宅單位內經營迎送事業，嫖客們透過網頁廣告透露的密碼自己按開地下正門大閘進入，保安員一般都不會干預嫖客們出入，以致「一樓一鳳」單位越聚越多，影響治安之外更影響了樓價。

　　在法團求教之下，筆者建議使用行政手段處理，先由法團僱用高大威猛的保安員把關，針對思疑嫖客詳細查問，要求他們提供到訪單

一樓一鳳聚集的大廈

位的登記住戶全名供核對紀錄，不能提供住戶登記的全名便不讓他們進入；遇到先前已詢問了妓女全名的嫖客，保安員將會致電妓女住戶要求提供訪客的全名，不能提供便不讓訪客進入，邀請妓女住戶親臨證明訪客身份，然後根據法例登記訪客的證件資料；遇到事前已互通姓名的嫖客，只需根據法例登記嫖客的證件資料便放行。這些招數一經實施，已經趕走了大部份嫖客，因為妓女也不願意暴露自己的真實姓名，更何況是嫖客呢！況且市場不只這座樓宇有「一樓一鳳」啊，遇到麻煩的嫖客們即時便轉軚了，不消一個月，妓女已另找樓宇經營了。

 ## 食肆會所

撥用管理費經營公用設施，對大部份沒有使用相關設施的住戶來說是不公平的，住戶主流傾向採用「用者自付」及「自負盈虧」的做法，以「供求定律」來決定那些公用設施的去留。

在物業管理公司的立場而言，他們當然希望多些設施營運，便能從營運開支當中抽取經理人酬金，但是保安經理的責任是過濾「不合法」用家、包括濫用公家資源的住客和訪客等進入管理範圍，因而形成了利益上的衝突，常見的例子是健身設施和泳池，被教練們佔用作為授課謀取私利、食肆亦被外來訪客佔用，以致住戶需要時不能享用。

在法團求教之下，筆者建議使用具照片的聰明咭作為預訂設施的證件，同時以電腦系統記錄使用者，用家進場時保安員可以由證件分辨出住戶和訪客身份，從記錄中亦能找出濫用者的身份，統計資料將交由法團責成物業管理經理立例堵塞濫用漏洞，保障住戶的使用權益。

第 7 章
緊急事件
處理

應變能力是透過後天的訓練和經歷逐漸培養而成的，警隊的「突發事件處理 - Incident Management」環節訓練新人，所花的時間是數十小時，畢業後每天不斷處理真實的事件，累積的經驗自然豐富了。

　　保安員遇到的突發事件相對較少，學習和磨練的機會便較少了，其次是保安員處理之後，事件都會由政府部門跟進，故此瞭解政府部門的處理程序和要求，才能更有效地處理各種突發事件。

　　首先，保安工作是一項團隊協作的工作，所以應即時通知控制室及同事，一齊分工合作處理。

🛡 打架

　　毆打和打架都是可拘捕罪行，保安員有權拘捕涉案人然後交給警方檢控，處理原則是先制止再調查；基於曾有人使用暴力，故此需要分隔雙方分開處理，距離以雙方的視線和聽覺範圍之外為佳，調查和等候警員期間宜請涉案人士坐下，因為較難逃走或襲擊閣下。

　　單方面的毆打事件只會有一個人會被刑事檢控，但對打則雙方皆會被檢控，除了目擊證供和證人的證供外，現場的情況亦需要保持原狀，環境證據對警方瞭解案情將有極大的幫助。

　　可能的話，保安員請涉案者在裝設了監控錄影系統的地方處理較佳，除了有錄影證據之外，控制室的監控人員亦能提供支援。

Security ★ 受傷

　　有人受傷首要的行動當然是救傷了，有需要時請同事代為召喚救護車送院治理；當閣下判斷了傷勢需要送院治理時，切勿因傷者或其他人拒絕而不召喚，應交由到場的救護車人員處理，避免給將來留下手尾。

　　如果傷勢由別人做成的話，請調查成因，發現有人需要負責時必須跟進，如屬民事範疇將由管理處跟進或協助傷者追究責任，如屬刑事範疇即報警由警方處理，然後知會上級和紀錄。

Security ★ 損毀

　　發現物件損毀也是需要調查成因的，如屬正常或老化的損毀，只需通知工程人員維修；如有人為過失引致的損毀，則需要拍照和填寫報告、找出需負責的涉事者；如對環境和居民造成影響，則需即時圍封保護，防止造成另一宗損傷；如是惡意破壞則屬刑事範疇，需通知上級及報警處理了。

滅火筒

Security ★ 火警

　　基礎保安課程已教授了滅火的方法，包括飢餓法、窒息法和冷卻法，亦教授了使用滅火的用具，包括滅火筒、消防喉轆系統、滅火氈、沙桶和滅火拍等等，這裏不再贅述。當火警鐘響時不應

即時報警，需趕往現場核實是儀器誤鳴還是真的着火燃燒中，見到小火便立刻試圖撲滅，失控便立刻報警、隔離和疏散用戶。

如果接到用戶致電通知火警，閣下也需趕往現場核實才報警，但避免延誤了報警時間，閣下可請對方立刻報警，一則由對方親自講述情況勝過由你轉述，二則爭取時間趕往現場救火，三則虛報也是報警的對方不是閣下啊！

當消防員到達時，保安主管需向消防領隊簡報情況，引領對方檢視消防系統顯示板，其他同事則引領消防員前往相關的消防入水位及火警現場進行滅火。

疏散原則

火警的疏散比其他情況，例如停電、水浸、漏氣、炸彈……等等的疏散更危險，因為毒煙比烈火具更大殺傷力，必須掌握火源位置及影響範圍才考慮疏散，如果烈火距離較遠，留在室內封閉門縫防煙進入遠較在走廊和樓梯安全，根據消防處的紀錄，在樓梯中的致命個案比例最高，故此不能冒險貿然疏散；當掌握了情況、關閉了所有防煙門和保障了通道暢通無煙之後才可進行疏散。控制室人員需全程監察火勢、濃煙及疏散的情況，指揮保安員分層分區引領居民沿樓梯向

下疏散，沿途站崗的人員需持續向居民發出清晰指示，疏散之後需封鎖所有通道，任何人不能進入。

保安員宜佩戴防煙眼罩甚至防煙帽保障自己，才能更安全和有效地協助居民。

防煙眼罩、防煙帽及口罩

氣體洩漏

　　漏氣現場是十分危險的，十多年前一宗案例，警員到場嗅到室內的煤氣味，按門鐘時產生火星引發爆炸，整度大門往外飛出將警員擊斃；多年前另一宗案例，一座大廈地下大堂發出濃濃的煤氣味，警員接報乘坐電單車抵達門外時，剛巧一名抽着香煙的途人行過，火種即時引發大爆炸，警員及電單車雙雙被炸飛撞至對面的大廈外牆上，整個漏氣的地下大堂也炸至稀巴爛，做成兩人死亡；第三宗中層單位氣體洩漏，氣體上升至樓上單位遇到火種爆炸引發大火，燒毀了上下兩個單位。

　　因此，嗅到氣體氣味時切勿掉以輕心，大原則是立刻打開所有門窗疏散氣體以降低濃度，切斷漏氣的源頭，如果未能確定漏氣的源頭，切勿猶豫、立刻報警求助及進行疏散，封鎖氣味能到達的範圍，使用電話和對講機也會產生火花，必須立刻關閉，高聲警告附近居民切勿開啟電掣、電器、電筒等等，嚴防任何火種火花的產生。

升降機故障

　　有人被困按動警鐘，切勿即時報警求助，浪費公共資源。首先是核實被困的位置並不斷安慰被困者，通知升降機維修公司搶修部提供緊急服務，法例規定需於30分鐘內到達，超時將會影響公司續牌，除非有孕婦或被困者感到不適，則可即時召喚消防進行搶救，如30分鐘後升降機公司搶修人員依然未能到達，便可報警要求消防救援了。

　　任何時間切勿試圖打開機門和協助被困者爬出，曾有案例發生過，升降機突然重新啟動將正在爬出者活活夾死。

跳樓

接報有人企圖跳樓自殺，即時封鎖現場防止任何人接近與當事人交談，包括親人和朋友，避免對方受到外界的刺激，儘快報警由警方的談判專家處理。

事情已經發生了則專注救援和保存證物，需要封鎖的現場有兩個，一個是「落點」：跳樓者臥身之處；另一是「起跳處」，可能有遺書和個人物件留下，警方需要調查是否涉及刑事成份，切勿觸摸物件干擾了表面的證據。

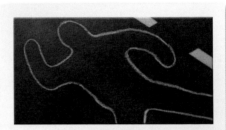

「落點」：跳樓者臥身之處

 高空墮物

不少缺乏公德的人將物件拋出窗外，不理別人的死活，曾有一顆從高層墮下的兩吋長筒型乾電池擊中一名途人的頭部，登時頭破血流倒地暈倒，送院後證實頭骨爆裂傷及大腦死亡。

任何引致有人受傷的墮物事件都屬刑事案，應立刻救傷和報警處理，封鎖現場、拍照及保存證物、記錄存案並尋找證人；其他的墮物事件，如物件擊中途人時足以引致受傷的話，亦可報警處理。

針對經常有物件墮下的屋苑，安裝監控錄影系統是最有效的方法，根據物件墮地時的位置、擴散範圍和散射的角度，往上觀察和計算已可粗略估計拋出物件的可疑單位，如有錄影片段供翻查更佳，警方有權入屋進行調查求證。

現時房署招聘了一批前警員組成了「高空調查隊」，專責跟進全港的高空墮物案件，搜集證據供房署提出檢控，成罪的話房署有權收回涉案者居住的單位。

 **氣槍射擊**

單位的玻璃窗被多發俗稱「痰罐仔」的氣槍金屬子彈射穿、途人被俗稱「BB彈」的氣槍膠粒子彈射傷，報警後警方於短時間內便破案拘獲犯案人，其實原理十分簡單，子彈是接近直線射來的，特別是破窗的彈孔提供了角度，用雷射儀器穿過彈孔照射，便能找出發射的位置，警方入屋搜查便能尋獲氣槍了。射擊途人的調查方法亦近似，從中彈的位置和角度進行計算收窄範圍，然後進行監視，當途人經過時「槍手」露面將會立刻被發現。

保安員發現「痰罐仔」和「BB彈」時，亦可參考警方的做法，在未做成物件損毀和有人被射傷前找出頑皮的「槍手」，發出警告以預防事情再次發生。

報失小童長者

接報後即時封鎖所有離開管理範圍的通道，包括交通工具，然後計算迷失者已經離開管理範圍的可能性和時間，有需要時擴大封鎖範圍；先從最後見到迷失者的位置（Point last seen）或知道的最後位置（Point last known）開始向外搜索、翻閱沿途的錄影片段尋找線索、利用廣播系統及通訊器材邀請所有住戶用戶工作人員等留意迷失者、組織所有願意協助的人分區搜尋，初步搜尋不獲後便需報警並擴大搜尋的範圍，幼童和長者失蹤都屬刑事案，警方將會介入處理，故此不容輕視。

可疑物品

可疑物品的案例包括：炭疽菌、毒品、粉末、動物禽畜屍體殘肢、糞便、示愛求愛物品、惡作劇等等，後果可大可少，視乎風險評估而提高警覺處理，而物品類別包括：信件、郵包及任何「有異於正常狀態」的物件，如果發現下列多個情況便屬「可疑」了：

- 沒有寄件人資料；
- 填寫收件人之名稱或地址潦草，錯亂等；
- 不合理地過多郵票價值；
- 有怪味，油漬或粉末；
- 有電線及金屬外露；
- 不尋常形狀或不合理重量；
- 封口的膠紙或其他封條，不尋常地過多；
- 寫上「Confidential 機密文件」、「Personal 私人信件」或「Fragile 容易破碎」。

當收到可疑信件或郵包時，需立刻通知上級，並採取下列行動：

- 作初步檢查，看有沒有即時危險，若有懷疑，應將該郵包置於無人地方，直至上級到場處理；
- 聯絡收件人，看是否知道郵包內之物品；
- 看郵件上有否寄件人資料，再聯絡收件人，看是否認識寄件人；
- 根據寄件人資料，核實郵包來源和郵包內之物品；
- 若由速遞公司派發，查問有關寄件人之資料，再聯絡收件人，看是否認識寄件人；
- 為保持證據及其連貫性，接觸可疑物品的人數應減至最少；
- 防止證物被進一步干擾；
- 亦可在收件人授權下小心打開查證；

- 無必要打開的話可丟棄或封存；
- 如果不報警，妥為保存及紀錄，將來有需要報警時一併交出。

 **炸彈恐嚇**

- 對方在電話中聲稱有炸彈，並且提出恐嚇時，最好能錄音，並由一人專責小心聆聽，使用擴音功能或重複對方之內容，另一人則擔任紀錄及進行其他支援工作；
- 保持鎮定、有禮貌地詢問對方炸彈的位置、形狀、炸彈威力、引爆時間、放置炸彈之目的和要求、怎樣稱呼對方和聯絡的方法；
- 留意對方之個人詳情，包括性別、種族、方言、口音、說話的速度、語氣、慣用語、情緒、特徵、通話時間、顯示的電話號碼、背境聲音；
- 其後立刻通知上司及控制中心，並報警由警方處理，記錄所有過程，助警調查；
- 如果不知道炸彈的位置，可採低調處理方式，不疏散但暗中進行搜索；如採高危處理方式，則立刻疏散，封鎖場地但不進行搜索，交由執法部門使用專業儀器進行搜索。

 可疑炸彈處理

保安員的處理原則：第一是考慮人身安全、第二是保存證據。

現時炸彈的引爆裝置多樣化而且日新月異，包括計時、加壓、減壓、接觸通電、分離通電、磁力接合、感光、阻光、電波遙控、紅外線遙控、混合裝置……等等，根本無法掌握，故此處理的大原則是「保持現場原狀」，因為任何轉變都有機會引爆炸彈，包括光線、聲音、電波、紅外線、磁場、移動、震動……等等，不宜妄動。

　　首先封鎖現場和清楚顯示該物件的位置，防止任何人接近，起碼封鎖視線可及之範圍，包括電梯和升降機，而封鎖範圍需多大才安全呢？防止遙控引爆是不可能的，因為普通對講機和無線電話的發射距離遠達三公里，故此不能防止電波的影響，反而考慮炸彈萬一爆炸時將會波及的範圍，盡量擴大封鎖的範圍和最少進行局部疏散上下各兩層的用戶。

　　警方接手後所有保安員便可離開，專注考慮人身的安全，有需要時應啟動全面的疏散程序。

第三篇：
高級保安

香港居民的素質和道德觀念較佳，犯罪行為的發生相對便較少。但壞人始終無處不在，他們會視乎財物的吸引性、計算付出的犯罪成本、評估失手被捕的風險而決定做案。

第 8 章 保安防線

基於「取易不取難」的人性特質，身為資深業界從業員，必須懂得犯罪學的理論，建立一套預防壞人的保安系統，將能打消壞人做案的念頭。

 ## 三重防線

在法庭未判決犯人成罪之前，犯人還是一名清白的市民，他的公民權利與你我是沒有分別的；因此，防盜措施的安排是不能蓄意傷害任何人的。

從一間獨立村屋或別墅，以至擁有數十座大廈的大型屋苑，其保安設計，大致上都會劃分為最基本的三層防線，稱為屋苑外圍防線、樓宇外圍防線和最後防線。

在細節安排上，以下三條防線將視乎財力的投入外，還需考慮屋苑的整體外觀和保安風格，然後決定採用高調阻嚇方式或是低調不擾民的暗防方式、採用不靠人員的高科技系統、或以科技配合人員、或由人員配合科技等系統，選擇十分之多，用家只應提供意願，交由保安專家設計和報價，最後作出取捨。

屋苑外圍防線

　　在犯罪心理學的角度來説，燈光越充足的地方越少罪案發生，如果外圍防線照得光如白晝、四圍的植物又經常修剪乾淨的話，賊人也會較少光顧的。

　　最外圍的一層防線，首先是讓外人知道已經進入了私人範圍，簡單的做法是在車路、行人路、小徑、當眼處等豎立標誌告示，有需要的話可設置圍繩、圍欄、圍網、圍牆、

豎立標誌告示

設置圍欄

門閘等，限制車輛及外人進入，再嚴密的話，可考慮高牆鐵閘、閉路電視、射燈照明、電子感應器材、守衛檢查點和保安巡邏等。

部份獨立村屋和別墅，在外圍周邊已築起八呎高牆，牆上安裝了閉路電視、照明射燈和電子感應器材，出入口亦有鐵閘和守衛檢查點，保安員不斷巡邏，理論上便不需要其他的保安防線了。

樓宇外圍防線

當屋苑是採用開放式設計時，各棟樓宇的外圍防線便成為第一層防線了，需考慮防止匪徒經各出入口、電梯、樓梯、太平梯、低層窗戶露臺、外圍喉管、外圍周邊、內部喉槽等進入建築物的範圍內。如果意欲進入住宅大廈時，便需使用八達通咭打開大廈地下的出入口自動門，訪客則需向保安員登記，保安員會聯絡居民核實訪客身客，滿意之後才容許訪客進入。

針對建築物外面的水管、冷氣機位、窗框和大樹等等，全部都可以供賊人借力攀爬入屋偷竊的，雖然部份居民已經意識到危機，使用有刺的鐵線網將水管或大樹圍繞了；可惜，賊人依然能將鐵線網拉下來，並且用布包着拉不掉的鐵線作為手拉點和踏腳點，然後攀爬入屋。

故此應該選用較堅硬的防盜物料，並且穩固地安裝在牆上，例如用扇形的粗鐵尖矛圍繞着水管牢牢地安裝在外牆之上；或選用刀片形的不銹鋼刺網焊接在圍牆頂的丫形鐵枝上；有些刺網是可轉動的，賊人不能借力攀爬；在冷氣機位頂以三合土固定尖鐵防止賊人踏足；將接近建築物的樹枝斬掉等等，方法多得很。

在雲南貴州的農村，為了防止蛇、蟲、鼠、蟻爬入屋，農民的房屋都是離地而建、由數根柱子所支持，每根柱子都由一個盛放油的盤子包着，蟲蟻經過時都會淹死在油盤之中，不能沿着柱子往上爬，而整條柱子上都塗上了一層油脂，滑得蛇和鼠都爬不上去。在防盜的立場來說，大家也可以在水管、冷氣機位和冷氣機頂塗上固體的潤滑

油，但是有人因潤滑油而引致傷亡的話，閣下可能會因而惹上官司；故此要有足夠的警告和顯示標誌，讓別人知道存在危險而不會攀爬，當對方明知危險而攀爬的話，便需為自己的行為負責了。所以，塗上固體潤滑機油之餘，還要加上有刺鐵線和警告牌，明顯而高調地阻止任何人攀爬。

最後防線

無論上述兩條防線是否存在或可靠，睡房的門窗必需穩固地在內上鎖，並且有電話或警鐘在有需要時讓住戶通知外面的人士，否則戶主被匪徒從夢中拍醒時，再堅固的保險箱也會被逼打開了，就是休班探員也沒法取出枕頭底的手鎗應用了；最可怕的情況是，女眷被匪徒侵犯，將會造成影響終身的傷害。

睡房門內也需裝置鎖具，不能從外面鎖匙打開。

防君子保安

一個依山傍海的大型屋苑，她擁有十多座五十層高的住宅大廈，發展商的原設計是採用開放式的，任何人也可以從四面八方進入屋苑的範圍，但入伙之後，居民認為屋苑的共用範圍亦需要限制外人進入，於是管理公司便應居民的要求而安排保安措施，在居民進入屋苑的入口和車路加設崗亭路障

防君子保安，在外也可伸手打開進入。

開放式設計

檢查，防止非住客進入，結果是居民和訪客們需要在屋苑各入口接受檢查，附近居住的晨運客、行山人士和釣魚郎等，每天都能夠「照舊」從山坡和海旁自由出入屋苑的共用範圍，甚至大搖大擺地經屋苑的正門離開！

植物矮牆也可防盜，萬一入侵也有跡可尋。

在賊人眼裏，這只是一場應付無知居民的鬧劇，這類典型擾民但全無保安效用的安排，賊人除了發自內心地恥笑之外，更會乘虛而入，因為很多保安員已被調派到那些增設的崗亭路障和檢查點當值，屋苑內的保安人手便相對地被分薄了！

行內人通稱為「只能防君子、不能防賊人」的保安措施，包括一些屋苑只在正門嚴格檢查人車，但後門卻沒有設防，工作人員和送貨人士可以自由出入，沒有保安員當值；一些屋苑外圍的六呎矮牆，牆頭平整可供坐立，小童也能輕易攀越；一些屋苑外圍的鐵欄，橫排金屬架變成手抓和踏腳點，邨童也可輕易攀過鐵欄！

設立「防君子」保安措施，讓守法的人見到這些障礙物或標誌已不會進入，例如以矮牆代替高牆、以植物牆代替土木牆、甚至乾脆以警告標誌代替圍欄等等，業主們便可以將節省下來的金錢和人手，用來加強第二及第三條防線，計算之下，所花的金錢反而來得划算啊！

花冤枉錢

筆者親身處理過的千多宗爆竊案，當中不乏獨立豪宅，其外圍防線動用的金額涉及百多萬至一仟萬元，圍欄圍網結合了最先進的防盜科技；可是，防線上只要出現一個漏洞，整條防線便已失去了效用，被賊人輕易越過了。

要保證圍欄圍網的成效，一條沿着圍欄圍網的巡邏道是必須的，這條巡邏道除了供保安員每天巡查圍欄圍網的狀況外，亦讓工程人員進行維修保養。

外圍防線安裝了數十個閉路電視鏡頭作為監控，但疏於修剪的植物，在數個月之後便將大部份鏡頭監控着的位置遮擋了，監控系統便出現了大量盲點，以致保安員不能有效地透過閉路電視進行監控了。

世上沒有絕對有效的防盜措施，堅固如銀行保險庫，也有不少被爆竊的例子啊！保安措施只會增加賊人的做案成本和提高失手被捕的風險，故此不值得浪費鉅額金錢在效果不彰的保安設施上。

 直插心臟

為了提供公共交通工具給居民使用，政府在批地予發展商時，在地契內都會加入條款，規定大型屋苑的發展商必須在屋苑內預留一個「公共交通交匯處」，讓大巴小巴和的士等24小時使用接連交匯處的通道自由進出接載居民。

較理想的設計是將「公共交通交匯處」放在屋苑邊緣，避免公共車輛在屋苑內行駛；但部份大型屋苑為了方便居民而將「公共交通交匯處」放在屋苑中心，以致外人能輕易進入屋苑的心臟之內，外圍防線變成形同虛設！浪費資源之餘，更會造成保安上的大漏洞，整個保安系統已不攻自破了。

解決的方法最終只能將保安防線後撤，或加強其他防線的保安了。

使用「公共交通交匯處」的公共車輛

 硬件為主軟件為輔

　　現代保安以科技為主，以住宅保安為例，出入口管制都已經是自動化的了，閉路電視和監察系統亦提供了全天候和全方位的監控功能，整個屋苑的保安系統只需一兩名人員便足以操控，就如港鐵出入口一樣，毋需任何人員當值也能運作如常，有效地防止了沒有車票坐「霸王車」的非法使用者。

　　保安員的價值，只會在突發事件出現時才會突顯出來，如上文所述，保安員在解決問題和應變的時候才能充份地表現他們的專業能力，與醫生和救護員一樣，是「養兵千日、用在一朝」的典型行業。

人員素質影響成效

　　飛鵝山一個屋苑的保安主任，在他之下只有日夜更保安員各一名，他們年紀都在六十左右，在山賊為患之時，保安主任每晚都需帶領巡邏犬通宵當值，日間又需要向居民和上司交待情況、更要進入外圍密林視察，基本上每天只有數小時睡眠時間，下班之後也不敢離開屋苑啊！

　　每周保安主任休息之日，雖然已經安排了退役喎喀兵擔任頂假人員，但他未能掌握保安主任的防盜竅門，多次被山賊潛入犯案，保安公司和居民都十分苦惱；筆者當時擔任警區反山賊特遣隊，建議各屋苑加強防盜設施之外，更需採用聯防之法，如有任何異樣，立刻通知鄰近屋苑的保安員及居民，編排花王司機協助防守各自別墅之後花園，不讓賊人伺機潛入，並且報警由警方在屋苑之外進行搜捕。

　　不同的人員在同一個崗位上的表現可以截然不同，正好說明了人員的素質是決定性的元素，經驗豐富的保安員是把關的要員，不能隨便取替的，亦非短暫的培訓便能成為稱職的人員，需要經過實戰方能成長啊！

第9章
場地保安

不少大型商場、機構、場館、屋苑等等都有廣闊的場地供群眾進行大型活動，雖然香港有法例賦予任何人享有集會的自由，身為主辦者和業權持有人都分別負有不可推卸的刑事和民事責任，需要維持會場的秩序和保障出席群眾的人身安全，因應風險程度而作出適當安排，臨場應變更是重要的環節，萬一出了意外的事故，曾經作出適當的安排也可減免部份責任啊！

　　因應場地的性質，保安員可以引用香港法例第245章《公安條例》、第212章《侵害人身罪條例》及場所的地契公契來執法，告訴大家，在私人地方由保安員執法，權力相比警員在公眾地方執法時更大、制肘也較少，因此效率相對便較高了。

　　大家不相信筆者的說法？在公眾地方，很多市民用人權和個人自己為藉口，妨礙了其他市民的人權和使用權利，在警員執法時還「據理力爭」地對抗，甚至投訴警員濫權。反之，在私人地方的規則是由業權持有人制定，由保安員執行，規則可以即時制定即時執行，更無投訴機制可言。換句話說，業權持有人在私人地方是隻手遮天的，可以隨時將場地關閉和清場，如有不從，可命保安員將你抬走啊！

淫賤希記者會啟示

　　玩女無數的年青男明星淫賤希，不慎將珍藏在電腦內，與各女友合拍的全裸床照外洩被流傳到互聯網上，引起全球華人爭相下載傳

閱，十多位知名女明星的玉體和性器都袒露於世人目光之下，有男友和丈夫的女星，即時面對嚴峻的婚姻和感情考驗，雲英未嫁的也被列為淫娃蕩婦，難覓金龜了。

有人為受到傷害的女士出頭，發出全球追殺令，誓要取淫賤希的性命，雖然他基於人身安全受到威脅而即時報了案，但警方也不能派員24小時保護他，故此他個人的人身安全便需自己負責了。

當他承擔責任宣佈前來香港召開記者會向各受害人交待時，其經理人聲稱收到一顆子彈和死亡恐嚇，以致香港警方派出百多名警員維持會場的秩序，而他的經理人亦安排了十多名保安員24小時貼身保護他，這些臨時組合的兼職保鑣都需要有心理準備用身體為淫賤希擋子彈啊！

然而坊間傳聞，這顆子彈極可能是有人自編自導自演的傑作，目的當然是將警察變成私人保鑣了！筆者亦有同感，因為香港保安員是無權佩備槍械和武器的，萬一受到十多名大漢圍斬時根本無法抵擋，更勿説被槍擊了！故此不拖警察落水是沒法保障淫賤希的人身安全啊！最大的破綻是所有保鑣在整個過程中都沒有一位穿着避彈衣，難道他們不擔心中槍嗎？因此答案只有一個，知情者必定於事前向他們派了定心丸，讓他們安心工作囉！

不然的話，身為專業的保鑣必定會做風險評估的，既然有死亡恐嚇和收到子彈，貼身保鑣們必定要穿上避彈衣，外出時將淫賤希包圍在核心之中以身體為他抵擋子彈；但當年保安員的佈陣和使用的裝備，明顯地露出了馬腳，某程度證明了是主事者濫用警力的保安安排啊！

 ## 示威者衝擊特首啟示

前特首曾先生出席科學館活動時，遇到示威者包圍及衝擊，雖然有十多名軍裝便裝警員在場保護，但當特首進入科學館大門時，依然

被一名突破防線的示威者撞中腰部而慘叫一聲。其後特首在台上發言時，再被示威者衝上台搗亂，幸有一名侍應生從後台步出擋在特首和示威者之間，跟着示威者才被多名保安員拉返台下。

這次事件並非官方要員保護組失職，從內部透露的消息顯示，當時特首不容許警方採用「高規格」的應變措施保護他，因為他需要保持親民的形象，就是在大門被突襲之後也不接受保鑣們收窄保護範圍，因此再次被示威者突擊得手。故此，缺乏「受保護者」的充份合作，保安工作是不可能做得好的。

事後業界培訓了一批高質素的保安人員擔任嘉賓的保護工作，為出席的嘉賓提供貼身保衛。

副總理訪港風波啟示

前中國副總理訪港期間出席多個民間活動，多個團體到場示威抗議，當中包括激進和敵意的政治團體，警方因應副總理不願受到騷擾的意願，安排了「高規格」的保安措施。

然而示威者還是千方百計地突破封鎖線、企圖向副總理顯示抗議標語和呼喊口號，在場警員被逼於副總理到達前一刻將示威者抬走了，其後傳媒和政治團體的矛頭直指警方濫權、握殺示威權利、打壓人權等等，鬧得滿城風雨。

根據聯合國一九七三年制定的公約，任何國家都有責任保護到訪的「應受保護的對象」的人身安全、自由及尊嚴，換句話說，示威者的自由不能凌駕別人的自由之上、更沒權踐踏別人的尊嚴，為了防止激進和敵意的示威者對「應受保護的對象」的人身安全構成威脅，分隔保護措施是必須的。

那次事件之後，警方與保安人員的默契提升了，警方只在公眾地方執法，在私人地方和私人的共用地方將由保安人員執法，有需要時警方才出手協助，因此催生了業界培訓了一批高質素的場地保安人

員，參考警察機動部隊的防暴技術，專門應付示威衝擊的場面。

在公眾地方，警方無權阻止市民示威和顯示抗議標語，在私人地方，保安員卻獲業權持有人授權之下制止示威行為和禁止顯示抗議標語，不遵從和不合作時，保安員可強制執行，並驅逐違例者。

總督察胸襲女示威者啟示

三十多名警員在車路旁組成一字長蛇陣，分隔坐在車路上靜坐的示威者和行人道上的支持者，支持者衝擊着警方的防線要求進入車

切忌雙掌向前推出

路加入靜坐的行列，雙方正在發生身體衝撞，兩女一男的支持者發現警方防線的兩邊都是開放式的，立刻飛跑前往企圖繞過防線，一名站在封鎖線後面的軍裝總督察見狀，單人匹馬跑往阻截，在防線盡頭兩女繞過防線的剎那，總督察亦趕到雙掌向前一推，雙乳和兩掌便當然地「碰撞」了，隨着非禮之聲不絕，兩女一男追着一名逃跑的軍裝總督察，筆者有幸目睹這個百年難遇的「奇景」！

這名軍裝總督察明顯缺乏應付衝擊者的經驗，前線人員面對衝擊者，首先會用身體阻擋對方，俗稱「人肉椿柱」，用心口「硬食」對方的衝力，當中會運用卸力的技巧，避免受傷；遇到對方欲繞過自己時，

宜用身體阻擋，雙手同時張開，稱為「開翼」。

身體會隨對方往橫移動、同時雙手會向左右下方展開，俗稱「開翼」，「被動地」防止對方越過，人員絕不會用雙掌平伸向前，讓人覺得你「主動」推人的感覺。遇到對方用手推我們時，也只會手背向外、提臂擋格保護自己，因此「胸襲」和「遮擋攝影鏡頭」等情況是絕對不會發生的。

手背向外，提臂擋格保護自己。

總督察熊抱示威靚女啟示

　　數名女示威者在嘉賓抵達的一刻衝出示威，男警們在阻攔時顧慮因身體接觸而惹來非禮的投訴，被女示威者們突破了封鎖線，現場女警的人數亦不足應付，情急之下一名軍裝總督察便施展熊抱招數，將一名女示威者抱起，然後放回示威區中，在過程中女示威者當然大叫非禮，其後亦正式投訴該名總督察非禮了，結果如何不得而知了。

　　非禮是「主動」的侵犯行為，故此在封鎖線當值的人員只要站着不動（請參考上文「人肉椿柱」的做法）、女方故意用身體壓到你身上也

以「人肉椿柱」阻擋示威者

不能構成非禮，大家不需要退縮閃避，以心口「硬食」可也。如果需要驅逐突破了封鎖線的女示威者，則需要由一名女性人員上前「主動」阻止，對方企圖跑離或抗拒時，這名女性人員將會使用「開翼」和「熊抱」招數了，有如使用毛氈將裸跑的女士包裹一樣，再由其他男性人員支援，用身體逼着兩名「相擁」着的女士返回示威區了。如果缺乏女性執法人員，便只能用身體阻止對方前進了，故此兩名人員「開翼」應付一人，將會更有效地限制了對方的活動範圍，逐步逼使對方後退。

兩名男保安員用身體配合「開翼」，限制女士的活動範圍。

長江中心被攻佔啟示

罷工人士、工會和社運支持者圍堵位於中環的長江中心，要求李超人介入解決工潮，他們不單止以帳蓬包圍長江中心進行長時間抗爭，阻礙長江中心的使用者和來往花園道的途人，還零星地潛入長實總部的樓層，在各層的接待處露宿，嚴重影響了長實職員的日常運作。

基於紮營及露宿的位置屬私人地方，行為亦屬工業行動，警方未能介入，保安員更束手無策，由公司律師向法庭申請禁制令，但情況持續未能解決，原因是公司高層不欲損害集團形象，沒有使用武力清場，放任這些罷工人士和支持者胡為。

情況就如閣下的豪華別墅沒有關上大門，一班乞丐走進大廳佔用沙發看電視並留宿，當保安員準備清場時老爺擔心被社會人士指責而制止，改由師爺申請法律文件才請他們離開，當乞丐們充耳不聞時，老爺下令關上大門，等待他們沒有接濟之後將會自動離開。

這事件顯露了出入管制出現了大漏洞，保安人員在處理擅進者時軟弱無力，鬧大惡化之後更諸多顧忌畏首畏尾，最終全體職員都成為受害者。

應付擅進者絕對不需要申請法庭禁制令，保安員引用公契和公司條例已有足夠的法定權力執法，遇到抗拒時可以使用武力驅逐，就如你在家中驅逐擅進者一樣，當對方襲擊你時便可報警求助了。

筆者曾為多間保安公司及集團職員進行群眾管理和防暴訓練，教授相關的法例和引進警察機動部隊的專業技術，有效地應付此類情況，現在擔任特首論壇的保安顧問，在場指導保安員處理場內示威、不守秩序和搗亂的人士。

群眾管理與防暴

　　隨着製造阻礙和肢體衝擊的示威行為日漸普遍，保安員必須接受更專業的群眾管理技術和防暴技巧了，筆者曾任民安隊和警隊成員，掌握了兩者最實用的技術和經驗，退休後在各培訓機構舉辦這方面的培訓，將相關技術「警轉民用」，當警員和保安員攜手執法時將更能合作無間了。

　　在和平的氣氛和場合，將會運用民安隊的群眾管理安排，當風險提升之下，便會運用警察機動部隊和要員保護組的技術了，有需要驅逐和清場時，相關技術便大派用場了。

　　大型活動舉行前夕，保安員必須瞭解整個活動的流程和參與者的資料，因應需要而安排場地的管理措施和安排人手；筆者曾在維園帶領六千名陌生人組成一個巨型腳板圖形，腳板中有「行路上北京」五個字，讓記者從高處拍攝，這個圖形還會變動的啊！筆者亦曾帶領三千名陌生人從九龍塘前往上水華山，在山坡上砌出一條火紅色的「巨龍」。以上兩個活動的事前安排已決定了成敗的一半，現場的領導和應變技巧亦是不容忽視，切勿以參加者作「實驗品」、供成員從「錯誤中學習」來吸取經驗，應邀請具實務經驗的專家在活動中擔任顧問，在過程中傳授經驗，在突發事情出現時協助處理，即時吸取成功經驗。2013年筆者應保安公司邀請，在所有「特首論壇」中擔任顧問，在現場教授保安員防暴、驅逐和抬走搗亂者的技術、提點主管應付突發事情、專業地配合警方的部署等等。

　　筆者教授的「警轉民用」培訓課程內容包括法例、技術和案例，全部都經過實戰的考驗和法庭的嚴格挑戰。欲查詢課程資料，請電郵lingsir.kingkong@gmail.com 聯絡筆者。

🛡 醉酒鬧事

在酒吧集中的地方，例如港島的蘭桂坊、蘇豪、太古坊、大佛口等等，經常會有人喝醉酒而對其他顧客造成滋擾，所以有需要僱用保安員維持場地的秩序。

英國的酒吧保安員是一個獨立行業，需要註冊領牌的，入職培訓包括法例、權力武力運用和控制技術，主要職責是防止未成年人士光顧和維持酒吧的秩序。

香港的酒吧保安員只接受了保安員基本入職培訓，缺乏權力武力運用及控制技術兩項，僱主招聘時便主要選擇身材高大的肌肉型人員，曾習武術者亦獲得優先考慮了。

執行時酒吧保安員只需驅逐醉酒者離開酒吧便完成責任，醉酒者在街上發瘋便不予以理會了，其實在公眾地方醉酒是刑事罪行，根據香港法例第228章《簡易程序治罪條例》第28(1)條在公眾地方或領有酒牌的處所內醉酒均可檢控及罰款 $50，根據第28(2)條在公眾地方醉酒鬧事或醉酒行為不檢，可以罰款 $250 或監禁2個月，因此，無論在酒吧內外，都可以報警由警察處理的。

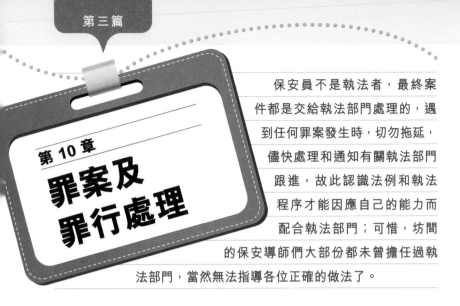

第 10 章
罪案及罪行處理

保安員不是執法者，最終案件都是交給執法部門處理的，遇到任何罪案發生時，切勿拖延，儘快處理和通知有關執法部門跟進，故此認識法例和執法程序才能因應自己的能力而配合執法部門；可惜，坊間的保安導師們大部份都未曾擔任過執法部門，當然無法指導各位正確的做法了。

　　大原則是協助執法部門執法，事後只需索取案件的檔案編號、負責的單位名稱、主管的姓名職級和聯絡方法，清楚記錄便是。

Security ★ 配合警方工作

　　根據香港法例第221章《刑事程序條例》第101條，任何人合理懷疑有人干犯了可拘捕罪行，便可以執行拘捕，這項權力俗稱為「市民拘捕權」，權力是有了，但市民和保安員執行時怎樣運用這權力呢？

　　警員的入職培訓是五個月，保安員只是16小時；所以你沒有可能專業地扮演警員的角色，只能從旁協助而已。警員在罪案現場的工作包括搜捕疑犯、救助傷者、調查案情、維持現場秩序、保存證物、會見證人、錄取口供等等，遇到疑犯不合作甚至拒捕時，保安員怎樣運用合法的武力呢？以上種種都必須透過培訓才能掌握了。筆者建議具規模的保安公司挑選資深的人員接受深造訓練，將會有效地提升素質了。若能夠聘請前警員擔任保安員，上述的問題更能迎刃而解了。

爆竊現場保護

發現門窗有明顯爆破痕跡的現場，保安員切勿貿然內進查看，一則不知道賊人是否尚在，有機會被賊人襲擊，二則會干擾了賊人留下的痕跡和證據，較理想的做法是封鎖現場所有出入口，報警之後聯絡業主或負責人，然後協助到場的警察處理。

警察會先進入現場調查，如果賊人還未離開便立刻拘捕。如若肯定賊人已逃去便封鎖所有出入口等待偵緝人員接手偵查，軍裝人員負責出入口管制，保安員可以協助聯絡和翻查錄影；如果警方需要擴大搜捕範圍，保安員可以為警員們擔任嚮導和負責外圍封鎖的角色。

 剪閘穿牆案件

不少單棟大廈的地舖擁有貴重的財物，例如珠寶、藥材、海味……等、但店舖外圍的保安卻十分薄弱，正門和後門鐵閘鎖選用硬度較低的金屬時，賊人便能輕易將門鎖或門較剪開撬毀進入爆竊；在後巷和後梯那些人跡罕至的地方，賊人可用千斤頂從店舖的側面頂穿磚牆進入爆竊；空調管道亦是壞人經常使用的進入通道，只需剪開通風閘便通行無阻了。

千斤頂經常成為爆竊工具

保安員除了加強巡邏之外，店主可以在外圍安裝閉路電視或警鐘系統監控，亦可以在店舖內安裝物體移動偵察系統，發現賊人在內做案時便報警求助。

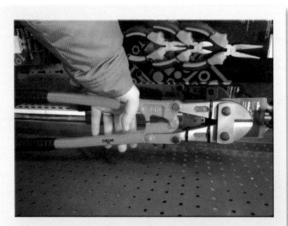

硬度較低的金屬和鎖具，很容易被剪開撬毀。

盜竊高買

閉門失竊是經常發生的罪行，由只有數人的家庭失竊至數千人的公司工廠失竊，保安員都有機會面對處理，這是可判監十年的「可拘捕罪行」，保安員可以引用「市民拘捕權」拘捕欲離開的疑犯，防止對方將贓物拿走或毀滅證據，拘捕後儘快報警交由警方在現場跟進調查。很多時候賊人都不敢將贓物留在身上，以免被搜身時人贓並獲，做案後會先覓地收藏，待風聲過後才取走，故此安裝閉路電視是最有效的阻嚇方法，可以翻查疑犯曾到過的地方，有助尋回收藏的贓物，錄影亦將成為警方起訴時的有力證據。

當然，閉門失竊案件經常顯示是被人佈置成賊人爆竊的假局，企圖誤導警方，雖然警方找出了假局的破綻，肯定是「籠裏雞」所為，可惜沒有真憑實據證明由誰所偷，僱主便只能用其他藉口與可疑的僱員解約，防止日後再失竊了。

雖然保安員沒有法定的搜查權，然而在私人地方，保安員可以根據場地擁有人制訂的規例搜查進入或離開人士攜帶的物

安裝閉路電視

件，以店舖盜竊(高買)為例，為了保障店舖的財物，保安員有權請疑人將身上所有物件交出供檢示，並在對方同意之下由同性人員搜身；提醒大家，進行搜查時最少由兩人執行，一人搜身一人見證，最好是在安裝了攝錄系統的地方進行，以保障雙方的權益，個人私隱必需同時照顧，錄影絕對不能外洩，如果對方拒絕被搜身時，便只能報警求助了。

筆者處理過多宗高買個案，超市便裝保安員目睹顧客將貨物放入衣袋手袋內，跟隨他 / 她們離開收銀處後截停，在搜出未付款的貨品後便立即報警拘捕，被捕者曾表露警察身份來求情，但保安員也鐵面無私繼續執法。案例顯示被捕者不只有警長和高級督察，還有一名是女警司，世事真的是無奇不有啊！

嚴重罪案現場扮演的角色

發生打劫、劫殺、強姦等嚴重罪案時，案件將會由警方重案組專責處理，軍裝警員也只是扮演封鎖現場和協助探員的角色，保安員可以做的也是類似軍裝警員的角色，然而身為場地的負責人，熟悉地形和住戶，可協助聯絡及嚮導角色，帶領軍裝警員在管理範圍內搜尋疑犯及證物；提供房間作警方的臨時指揮部和會見證人；提供證人及住戶的資料、協助探員翻閱案件現場附近的錄影紀錄及製作副本、協助探員翻閱出入登記記錄及製作副本、協助探員翻閱車輛出入錄影記錄及製作副本等等。

保安員答覆住戶及傳媒查詢時，只能提供簡單的案情，例如某座某樓發生了一宗劫殺案，警方正在搜捕兇手，請關好門窗切勿外出等等，切勿提供案發的詳細地點和任何個人資料。

警方調查完畢解封後，原則上私人單位應由住戶自己檢視及直接從警方手上接收，如逼不得已要求保安員代為接收時，保安員切勿進入室內，應在警員目睹下鎖上單位，鎖匙交由警員保管，待單位住戶或業主將返回接收時，預先安排警員攜來鎖匙將單位交還，保安員只擔任見證人的角色。

在共用地方的現場解封後，首先多角度詳細拍攝現場作記錄，然後進行清洗消毒；如在清洗時發現有思疑涉案的物件遺下，必須近距離拍攝作紀錄，每件物件用膠袋獨立包裝保存，清洗解封後聯絡案件主管，獲對方指示後才銷毀保存的物件，整個過程須詳細紀錄。

 ## 童黨僱工聚集

青少年不喜歡留在狹窄的家中，會呼朋喚友相聚吹水嬉戲，在公共屋苑的晚上，不少青少年三五成群地在梯間、空地、天台等地聚

集，食煙飲酒談天當然沒有大問題，但興起之時聲浪便對附近的居民造成滋擾，較嚴重的情況是組成童黨互爭地盤、作奸犯科和騷擾經過的居民，這些情況不能視而不見，保安員巡邏時需要與他們友善地交談，首要目標是保障居民的權益和人身安全，故此有需要分辨居民和外來者，搜集聚集者的個人資料後建立情報檔案，有事發生時可以提供給警方跟進。

外籍僱員放假時佔用共用地方，妨礙居民享用設施的情況，必須及早處理，消滅於萌芽階段，首先豎立禁止坐臥的圖像標誌、配合器材圍封、保安員巡邏時進行勸喻，情況便不會惡化。

針對已經被佔領了的場地，也可以先發通告，然後安排在經常聚集的時段清洗場地，清洗可以慢動作重複地進行，逼使外籍僱員另選場地，清洗之後立刻圍封，情況便能受控了，中環滙豐銀行總行便是運用這一招解決了被外僱佔用的問題。

 ## 噪音投訴

根據香港法例第400章《噪音管制條例》指出，任何人於任何時間在住處或公眾地方發出噪音，包括空調、動物雀鳥等，對居民造成煩擾，可罰款壹萬元。因此接到居民投訴時，保安員首先聯絡涉事的住戶，瞭解情況和勸喻後，沒有改善便通知執法部門提出檢控，投訴人和保安員將擔任證人，證明事件已經發生了兩次，執法人員證實情況沒有改善時便可以立刻發出傳票檢控了。

第 11 章
預防罪案

「預防勝於治療」這句至理名言可說是無人不知，保安工作與防火一樣，不容罪案發生是最高境界，萬一發生了也要儘快處理阻止情況惡化。然而，在現實世界裏，不知道有危機，人們又怎會採取預防的措施呢！

Security ★ 犯罪手法分享

筆者在28年內處理過數以千計的案件，發覺受害者不乏在全無知覺之下處身於危險的環境中而不自知；筆者分析每一件罪案都會有所得着，從罪犯身上吸取了不少寶貴的經驗。

壞人會細心和長時間觀察目標，從居民的服飾和座駕，估計居民家中財物的價值；從居民從事的職業，亦能想像其收入高低；壞人更會拆閱或偷走銀行和稅局的信件，以窺探居民的身家；而堆滿信件的信箱，將告訴壞人屋內長期無人，可以放心撬毀門窗入內爆竊了！

鄰居互不關心的地方，壞人稍作測試之後，便會明目張膽地做案，光天化日之下，配備汽車將目標單位的音響電器全部運走，鄰居經過也不以為意，以為是住客搬屋而已！

從罪案的資料顯示，每當有建築和裝修工程進行期間，附近都會有爆竊案件發生，這個現象不會是巧合，相信是工人乘着工作之便，近距離觀察鄰近民居的動靜，肯定四野無人之時便下手做案、亦可能通知同黨做案，偷得多少便碰運氣了！如果附近有空置單位亦是一個危機，應該經常觀察，以防被匪徒用作藏身之作，然後在附近犯案；曾經有案例證明，匪徒犯案之後依然藏身在空置單位之內，待警方搜捕行動完畢和撤退之後才混入群眾之中離開！

⬟ 頂更高危期

筆者曾居住的單棟大廈，在三周內先後發生了兩次日間爆竊，案發單位的木門鎖被賊人用大鎚打破，聲音應該十分響亮，但是沒有人發覺和報警，探員查案之後沒有向管理處匯報調查結果，防止罪案科留下數張單張給管理員參考便離去。筆者出席業主會月會時才知道有關情況，但沒有任何委員可以提出對策。於是筆者親自到兩個案發單位調查，原來位於同一樓層的其他單位，居民日間都不在家，而其他樓層的家庭傭工曾經聽到不斷的巨響，卻以為是裝修工程而不以為意。

巧合的是，當值的管理員在兩次案發之日都是休假天，由替工頂替當值，從觀察所得，這位替工對門外揮手示意的人，除了不需要對方按動密碼鎖開門之外，亦無需檢查對方的住客證便開門讓對方進入；對其他跟隨住客進入的人，亦不聞不問；當訪客拒絕提供身份證登記時，他亦照樣讓對方進入。明顯地，賊人善用這名替工的弱點，進入大廈做案而沒有留下個人資料，同時賊人亦掌握了替工的巡樓時間，放心以大鎚破門做案了！當然，那位替工是否賊人的內應便需刑偵跟進，才有機會水落石出了。

掌握了上述情況之後，本人建議在大廈入口處貼上標誌，嚴格執行以下措施：一）任何住客不得將大門密碼告知其他非住客，二）任何住客必需自行按密碼開門，管理員不會按掣開門，三）在管理員要求之下，住客必需出示住客證供查閱，四）任何非住客必需出示身份證供登記，否則拒絕進入。

另外，管理員休假時需長期由同一名稱職的替工頂替，巡樓時間亦需經常改變；最後，在三個隱蔽地方加裝針孔鏡頭，任何人進入大廈時臉孔也會被拍攝下來！

實施新措施之後再沒有任何案件發生了。

情報網絡

當年筆者擔任反爆竊特遣隊時已經利用電郵、手提電話和宣傳單張建立一個雙向的情報網絡,將警方獲得的資訊發放給轄區內的居民,同時接受居民提供的最新資料,監控着十平方公里內的賊人動向。

現時防止罪案科更利用最新的通訊科技與市民溝通,在互通消息之下更有效地與壞人作長期鬥爭。

其實所謂的「情報」,不外乎是我們身邊發生的瑣碎事,如上文所述的附近傳來不斷的巨響、發現疑人異樣、開始聚集的青少年、建築和裝修工程展開……,這些資料被組合和整理之後,到了相關的警員手上時,有可能會顯示出蛛絲馬跡,成為破案的重要線索啊。

保安員散佈在社區每一角落,正是警方預防罪惡和搜捕罪犯時最需要的耳和目。

社區聯防

筆者曾任職的管理公司,旗下管理的屋苑樓盤超過二千多個,分佈全港每一個角落,不過每個屋苑樓盤都是獨立運作,人員間從來不聞不問,筆者到訪數個相連屋苑之後,建議公司成立聯防機制,不單在保安員巡邏時更為安全、罪案情報更為清晰、監控更為有效,在人力資源調配上亦靈活了不少。

參考英國和香港警方的社區警政(Neighborhood Policing)經驗,組織鄰近其他公司管理的屋苑保安員成立聯防網絡,將薄弱的力量變成強大的保護網,有疑人出現時一呼百應,監控對方的一舉一動,直至疑人離開了聯防的範圍。

第四篇：
保安業界
經驗分享

第 12 章
各工種分享的經驗

如果以核心職能和場所來分類，保安行業大致可細分為以下的類別和工種：

- 資訊保安，例如互聯網、電話；
- 人身保安，例如安全警衛、近身保鑣；
- 財物保安，例如押運、金舖、銀行、珠寶行、賭場；
- 住宅保安，例如樓宇物業、酒店；
- 商場保安，例如大型商場、超市、工廈；
- 場地保安，例如校園、醫院、主題公園、政府機構、博物館、圖書館；
- 物流保安，例如貨物運輸、廠房、貨倉及生產線；
- 交通運輸保安，例如機場、鐵路、汽車總站、港口及貨運碼頭；
- 活動保安，例如大型運動賽事、會議、宣傳。

鑑於各行各業皆有其獨特性，設計在職培訓之前導師必需深入瞭解前線人員的運作才能度身訂造培訓內容，可惜大部份企業培訓部的導師都不是「紅褲子」出身，他們只將學院的東西硬搬應用，以致完成培訓的人員未能在工作上有立竿見影的表現。

⛨ 保鑣業界

香港沒有法例監管保鑣行業，不如英國般有專門的保鑣法例，需要從業員受訓150小時，註冊之後才能擔任保鑣，現時香港的保鑣從業員主要由前警隊G4要員保護組人員轉任，其次是退役警員和軍人，保安員多是後期由任職者引介加入的，邊做邊跟前輩們學習。

初期的保鑣主要是保衛富豪們免被綁架，回歸後治安良好，保鑣們的職責已改為保障老闆們的私隱為主了，其專業要求便相對下降了。

筆者曾擔任富豪的貼身保鑣及保鑣隊長，以在職培訓的方式傳授技術，幫助老闆提升十多名保鑣的素質。筆者目睹大部份老闆們已將保鑣的人數減少了，同時將私人助理的工作也交由保鑣兼任，現時新一代的老闆們，更不再選用高大威猛的壯男了，改為挑選一名曾接受保鑣訓練的女秘書擔任貼身保鑣，其他的男保鑣只能擔任配角的角色了。

因此曾經擔任官方保護要員組和保護證人組的人員，包括女性人員，絕對接受不了現時老闆們的要求，由專業保鑣轉型為「褓姆」啊！就算為了高薪而「屈就」，惡果是每天渾渾噩噩地工作12至14小時，警覺性將會隨着工作性質改變而鬆懈，下班之後手機還會接到老闆們的電話，假期也不能關機，嚴重地影響着個人和家庭的生活；筆者個人認為，這一行業只適宜沒有社交和家庭生活的人士擔任啊！

坊間只有兩天16小時的保鑣入門課程，包括筆者每季在中文大學專業進修學院（CUSCS）教授的「認識要員保護」課程，為有志入行的保安員增值，從短期兼職保鑣做起，累

老闆由四名保鑣保護

積經驗等待機會轉職入行；告訴大家，這一行是不會公開招聘的，從來都是由從業員引介入行，沒有業界關係是沒有機會入行的。

　　普通市民和商人都沒有必要聘請保鑣的，遇到特別需要時才僱用短期保鑣應付情況，保障人身的安全；例如高級行政人員往國內或外國開會或探訪、要求拯救在國內或外國被軟禁的人士、公司被客戶踩場、出席公開場合時預期會受到衝擊等等，這些臨時而緊急的工作，絕不能期望僱用全職保鑣們請假抽身兼任，故此筆者與一班具備實務經驗的前G4及前警員、連同曾接受保鑣培訓的輔警

上落車的護衛陣式

及保安員，組成了一個團隊，隨時可以請假兼職，提供本港及跨境的保鑣服務。

早前盛傳有學童在校外被抱走，筆者即時應某學校要求為一批家長、司機及外籍僱工傳授保衛技巧貼身保護小孩，無需僱用專業保鑣，亦為學校提升了上學和放學的防護安排。

防止幼童被抱走

 押運業界

押運業從業員可算是保安業界中的特種部隊，需要接受額外的槍械彈藥訓練、考核合格才能註冊領取《保安人員許可證》丙類資格，合法攜帶槍械彈藥執行護衛工作，工資當然比乙類的人員較高了，但是其危險性相對地亦較高，隨時有生命的危險啊！多年前一部港產片「摩登保鑣」描述的正是這一個行業的狀況。

一部裝甲解款車停在銀行門外，兩名身穿避彈衣頭盔手持散彈長槍的押運員從車上跳下，分別站在車尾兩旁護衛，然後車尾門打開，一名也是身穿避彈衣頭盔的人員提着一個鐵箱跳下來，由兩名持槍人員一前一後地護送進入銀行，整個過程只是數分鐘。

看似簡單的工作，但風險極高，數年之前在內地，如上述一般兩名身穿避彈衣頭盔手持長槍的保安員從車上跳下站在車尾兩旁護衛，正當車尾門打開的一剎那，兩名持槍人員同時被賊人近距離以手槍射殺擊斃，從車上跳下來那位人員驚魂未定、手提的錢箱已被搶去了。

慘案之後研究所得，被殺的押運員已習慣成自然，沒有做好防衛措施而被混在行人之中的賊人接近，當持箱人員從車尾步出的剎那賊人便同時拔槍射殺兩人。血的教訓告訴大家，賊人需要逼近做案，眼神身形都會與行人有異，只要細心觀察必能看出破綻；在鬧市行人眾多的街道，保安員不可能截停行人和封鎖區域，只能持槍在掩護物後戒備觀察，肯定附近沒有可疑人物才通知持箱人員從解款車出來，見到有人拔槍便應即時射擊，才能保障大家的安全，不然的話，較安全的做法只能選在行人較少的橫街和停車場內進行押運了，而行進期間亦需善用掩護物分段移動。

回想90年代香港槍林彈雨，押運業高薪也請不到人員，業界前輩們告誡後輩們，若然遇到械劫時，切勿反抗！第一時間棄槍舉手投降才可保命，損失將會由保險公司賠償，無需以命相搏啊！事實也是如此，被動的持槍押運員很難發揮退賊的功能，在繁忙的鬧市，持槍押運員根本不敢開槍，因為散彈槍很容易誤傷途人。

在太平盛世的香港，回歸後已沒有發生過械劫解款員的案件，持槍押運變成只是購買保險時的必須要求而已，持槍押運只是一種裝飾作用，工作絕非高危了。早前一名押運員將長槍遺漏在提款機旁之案件，證明昔日業界前輩們「槍在人在」的傳統已經消失了！

雖然遇劫的風險降低了，但警覺性是不容降低的，多宗案例顯示了賊人早已安插了內鬼進入公司臥底，摸清日常運作後才下手行劫；亦有從業員在金錢誘惑之下出賣情報；因此現時押運公司主要在保密之上下功夫，押運物件、時間、路線和目的地等資料越少人知道便越安全，人員在出發之後才獲知目的地和路線，其間嚴禁對外通訊，只需按程序押運便是。

 名店業界

　　不少市民都嚮往闊太明星們經常到名店購物的生活，有機會在名店任職當然一口答允了；現實是名店保安員是一份「好睇唔好食」的工作，首先是需站足八至十小時之非人生活，連飲水小便也不方便，莫說傾電話看WhatsApps了，你只能像佈景板般筆直地站着，有客出入便開門，有客人在店內時需不停掃視，卻不能有眼神接觸，只能望身體和不能停留在某人身上，讓貴客感受到有人保衛着，但並非被監視的感覺。

　　如發現有心懷不軌的人，便需行近對方身邊製造心理壓力，讓對方知道已被監視而逼對方離開。主管會利用閉路電視監察和錄影，發現和拍攝到盜竊行為時便通知同事拘捕竊賊然後交警方處理。

　　部份珠寶行會要求保安員兼任押運任務，以秘密低調方式陪伴營業員為客戶送上珠寶首飾供觀賞選購，除非有內鬼裏應外合做案，否則，比起闊太名媛們佩戴數百萬元首飾招搖過市，遇劫的風險可說低得多啊！

名店上班的保安員

集團保安部

不少大集團的保安員都是直屬某個屋苑樓盤，並非隸屬大集團總部的保安部，與其他同屬大集團其他屋苑樓盤的保安單位根本全無關係，遇到有大型活動和特別需要時，一般會撥款聘用外判保安員協助，而非向大集團總部要求支援。

現時有一個趨勢，大集團總部參考警隊兼任職務（Auxiliary Duty）的概念，在旗下所有擁有十名或以上人員的屋苑樓盤，挑選兩名人員自願接受培訓，然後組成一支數十人的特遣隊，在有需要時抽調出來執行特別任務；例如應付大型的群眾活動、為嘉賓提供貼身的保護、為高級人員和政府高官出席公開場合時提供額外保護等等，除了不用額外撥款聘用外判保安員，服務質素亦更有保證，還可提升集團的形象，人員的歸屬感和認同感亦會提升，可謂一舉而四得啊！

至於人員的保險和行政安排，可以參考民安隊和輔警與僱主們的安排，簽署一份大集團、僱員和屋苑樓盤僱主的同意書便能解決了。

第 13 章
與警察分享的心底話

內地保安員全部由公安機關負責訓練、評核及管理，但香港政府及警隊卻沒有肩負上述的工作，與保安業界關係疏離。

 警察與保安分工合作

各位現役的同僚們，如第9篇《場地保安》的分享，現時大勢所趨，不少大型的群眾活動都是警方與保安員合作維持場地的秩序，特別是在私人地方進行的大型群眾活動，警方都會主動地介入扮演顧問、聯絡和支援的角色，執行時採用由保安員負責、警方為輔的合作模式進行，特別是得知發生了商業糾紛，激進的受害人佔據場地、甚至以暴力發洩情緒的「掃場」、「踩場」事件，環頭警員都需及早介入，向場地負責人講解政府的立場，不能濫用政府的資源保護個別人士的私人財產，市民需預先安排保安員保護自己的人身和財物的安全，當涉及刑事成份時警方才能插手干預。

 公眾地方 VS 私人地方

在公眾地方，警察根據法例執法，保安員是無權執法的，維持秩序也只能在對方合作之下進行，對於不守秩序的人，只能求警方協助了。在私人地方，反而是警察無權執法，由保安員根據公契和場地條例執法，除非有人干犯了刑事條例，保安員和警察才能聯手執法。

退役警察擔任保安員後，應比現役警察更熟悉這方面的異同，從而更有效地與現役同僚合作，更有效在私人地方維持秩序。

特首和高官們經常出席在私人地方舉行的公眾活動，其間遇到示威人士踩場和衝擊，保安員便肩負保護和維持秩序的重任了；筆者於去年(2013)特首論壇中，便擔任了保安公司顧問的角色，隨着特首出席每一次論壇，經歷了十多次衝突，指導保安員臨場應變的策略和技巧，將機動部隊的專業技術轉為民用。

轉職前及早準備

退休同事有三大類：第一類是有經濟負擔，退休之後還需要繼續工作賺取工資。第二類是沒有經濟負擔，退休後享受人生，間中做義工消磨時間，或兼職賺取額外金錢供享樂；第三類是沒有經濟負擔，退休後完全地享受人生。

筆者對第一類同僚的忠告，在退休前數年便需要鋪排路向，及早搜集資料和選擇適合發展的工種，如欲加入保安行業，可以的話求調駐守與保安有關之崗位，以獲取相關的資歷供轉職時之用；例如反爆竊特遣隊、防止罪案科、社區聯絡主任、刑事偵緝組、交通組、領犬員、要員保護……等等，除了增強履歷上的資歷外，實務上的經驗也是極有用的謀生技術。

工餘時有機會參與大廈管理則更佳，例如宿舍的居民管理委員會、居屋的業主委員會和私樓的業主立案法團等等，可以提升面試時的競爭力；因為很多屋苑的主管職位，除了保安經驗之外，亦需擔任物業管理的工作。

在退休後即時申領保安員許可證，便可開展保安的新工作了。轉職後首先要改變心態，我們不再擁有警察的權力，只能善用累積的經驗工作，與業界同事合作，並接受業界文化，融入新的工作環境。

最多僱主聘請退役警員擔任私家車司機，因為退役警員可兼任私人保鑣的角色，照顧妻兒出入的安全，私家車司機每天工作十至十二小時，其間空閒時間居多，比揸的士和小巴輕鬆得多，月薪還介乎萬四至二萬之間啊！

 入行實戰

退職後需要向總部申請一封任職證明信，但信中只會提供任職警隊的年份和曾任職的單位，沒有為退役的人員提供專業的證明，外人是不懂分辨警隊各單位的專業內涵的，故此需要在自己的履歷（Curriculum Vitae - CV）中用淺白易明的字眼詳列自己的經驗和專長；例如筆者介紹自己在執行、管理、培訓、公關、反爆竊、反山賊、防暴、刑事調查、交警、水警等等範疇，並附加自己曾經接受過的培訓，讓對方認識自己。

筆者在退休後做過四份全職工作和多份兼職，曾在三間上市保安公司任職，掌握了保安業界的運作模式，同時亦介紹超過50位同僚入行或轉工，事實證明具備警務經驗始終是一項優勢。

保安員一般分為八碼（8小時）和十二碼（12小時）兩大類，選定上班時間之後是不會轉班的；主任和主管級一般為九或十小時工作，經理則為八至九小時。

警長級可申請主任級職位、督察級當然申請經理職位了，業界的工資不算高，保安員八碼約萬一二元月薪、十二碼約萬三四元，主任和主管級約萬四五，經理都只是萬六至萬八，很少到二萬。我們具備警務經驗是可以要求比「市價」較高待遇的，雖然工薪較低，但退休同僚有長俸，只要填補了退休後少了的差額已願意接受，形成了「搶爛市」的現象，筆者認為大家只要本着先入行再等機會、交足功課勿壞名聲的心態，其他人是不可以批評你的，如果你不將待遇金額告訴別人，大家便無從比較了。

　　保安這一行是奉行「魚過塘才肥」定律的，有條件便應轉工，某退休督察不知行情，剛入行做保安經理時的月薪只有萬八元，因為該公司同級人員月薪只是萬六起，他已算「高薪」了，他需工作六天九小時、只享勞工假期和七天年假，但總算入了行。做了兩個月後他轉了公司，月薪跳至三萬，享受八小時工作五天半長短周、勞工假期和九天年假，人工和待遇已大大改善了。再過半年又轉工，月薪跳至四萬五，五天工作八小時、享受銀行假期和12天年假。私人工便是如此，不像警隊般做一生都不跳槽的。

　　話說回頭，曾有業界領袖們與筆者分享，對於上述第二類「打風流工」的全職同僚們稍有微言，他們沒有經濟壓力，遇到要求高和無理取鬧的客戶和上司時，有足夠的本錢反擊，除了不會低聲下氣商討之餘更惡言相向，最後瀟灑地辭職不幹，拍拍屁股走人；沒有考慮引介他們入職的朋友，將會被僱主埋怨，他們的行為亦損害了業界對退役同僚的觀感，視退役同僚如洪水猛獸般抗拒聘用。故此，敬請各位有條件的你，在不高興的時候也請為其他後來的同僚設想，辭職不幹時也請「好頭好尾」，以同僚們的未來福祉為重啊！

　　另外，業界有不少養不起全職人員的工作，因為每天只做兩至四小時或每周只做二三天，這些工作反而適合上述第二類同僚擔任。部份「臨時工」可能只有一兩天通知期，全職人員是趕不及申請假期兼任的，第二類同僚可以隨傳隨到的話，便能成為保安公司「至愛」的備用人手了，因為這類短期通知的「臨時工」叫價較高，人員的待遇亦相對較佳了。

筆者邀請各位市民認識一個不爭的事實，警察經常呼籲市民需預防壞人，時刻保護自己的人身和財物的安全；換句話說，你們不能掉以輕心，將責任推卸到別人身上。因為壞人是無處不在的，反而警察和保安員不可能時刻在你身邊保護你；故此，與警察和保安員互相配合、互相尊重才能發揮保安系統的最大功效啊！

私人地方不及公眾地方安全

香港700萬市民由2萬8千名警察保護，他們只在公眾地方提供服務，不會主動地在私人地方工作，只能被動地在市民要求之下才進入私人地方提供協助。

如上文所述，不少公眾地方已經由私人發展成為私人地方，原本由執法部門管理的地方改由業權持有人和管理人負責，在現實世界中，不少這類私人地方便變成無警地帶，沒有保安員或保安員不稱職時，住戶和用戶的安全便存疑、需自求多福、自己保護自己了。

公眾地方還有機會有途人經過施以援手，在私人地方的住戶和用戶，一旦引狼入室、或孤男寡女獨處一室時，將是孤立無援的。雖然有30萬註冊保安員可以提供私人地方的保障工作，但是他們也與警察一樣，只能在私人地方內的共用範圍工作，不會主動地進入私人物業內工作，除非在業權持有人、住戶或用戶要求之下才可進入私人物業內提供協助。故此需要與保安員保持聯繫，有事發生時他們才能施以援手啊！

自我防護責任

　　住戶半夜被賊人從睡夢中拍醒，在賊人的利刀威脅之下，再堅固的夾萬住戶也被逼為賊人打開了；錢財乃身外物，破財消災已可算是不幸中的大幸，枕邊人沒有被侵犯，更要還神謝恩了！

　　賊人成功入屋做案，證明家居存在保安弱點；賊人知道你家中有夾萬，證明有人將這方面的資料外傳，吸引賊人上門光顧。無論是私隱保安、家居保安、財物保安、人身保安……，全部都要靠住戶自己了；但是住戶們有多少專業知識呢？如果自覺缺乏這些範疇的自保能力，便需交由有能力的保安人員為你效勞了。

市民不重視保安員，是因為感覺他們不專業，可有可無，付出最低工資也覺得不值；所謂「人必自侮然後人侮之」，我們要贏得市民的尊重，只能自強不息，才能向市民證明我們是專業、是值得加薪的。

Security 終生學習自我增值

如筆者在前言中所述，在私人地方的管理權，已由政府交由業權持有人全權管理，業權持有人授權的管理人員需要承擔的工作，基本上包含了多個政府部門的職能，包括路政署、運輸署、地政署、漁護署、食環署、環保署、機電署、警務處、消防處、入境處、勞工處……等等，當中保安員在社區內需要提供的服務，除了眾人皆見的出入管理和巡邏外，還包括不是眾人皆知的預防罪案、群眾管理、交通管理、社區關係、保障私隱、防火滅火、急救護理、緊急事件處理……等等，試問如此繁重的工作，是否一名僅僅接受16小時培訓的人員可以勝任呢？故此，為了有效地應付如此繁重的工作，保安從業員不斷自我增值和終生學習的要求，必然是大勢所趨的了。

筆者是前警務高級督察、曾任警校教官、警署主管和多個警種的單位主管，可說是經驗十分豐富了，加入保安行業後，筆者也要不斷學習保安各業界的知識和技術，應付實務上的需要；在各培訓機構教授每一班保安和保鑣課程時，也抱着教學雙長的心態，虛心向學員請教經歷的事例，互相交流學習、互補不足。

切忌紅眼症

　　某人做了十多年保安員，發現剛請回來的新人月薪竟然比他高！某人做了二十年助理保安經理，總算等到保安經理退休了，滿心歡喜以為公司會將他晉升填補空缺，怎料公司請了另一人出任。很多資深保安員都不明白，為何曾任職警察的待遇都比自己高？

　　所謂「各有前因莫羨人」，老闆計算工資自有其道理，他們亦不會多給的，你沒有老闆需要的「本事」便拿不到那份人工，道理再簡單不過了，故此勿眼紅別人，反而多向對方學習，自我增值，將來才有機會拿取對方一樣的工資啊！反之，閣下不高興只會影響自己的情緒和健康，更會影響人際關係，可說是百害而無一利，最終可能飯碗也會不保啊！

　　還不服氣的話，如上文所述：「魚過塘才會肥」。自視有條件有能力的你，轉職一試吧！

 ## 緊張療法

　　面對突發事件，緊張是難免的，再次遇上同類事件時，有了先前的經驗，緊張程度便會減低了，經常遇上同類事件時更不會再緊張了，所謂習慣成自然，這是人之常情。

　　然而任何事情都會有第一次，當感到緊張的時候，可以運用警察機動部隊教授的「戰術呼吸法」來應付：首先深深吸氣慢慢呼氣，控制着呼吸的節奏，由急而短變成慢而長，體內的氧氣比率將會提升，心跳率亦會恢復較低狀態，視力觀察力會恢復正常，眼手協調能力亦將恢復，更不會手震了。

僱用保安員的僱主們，相信是有需要才會花費那筆金錢，亦希望獲得預期的保安服務了；身為僱員的我們，並不單看金額，還會看僱主是否值得我們勞心勞力地保障他們，這行業是對人的工作，大部份從業員都是較為感性的，就算閣下出得高薪、但不尊重為你盡心盡力服務的人，在關鍵時刻，閣下便會見到那些已心淡的人們放軟手腳的結果了。

如果你連那些合理待遇也不願意付出的話，筆者建議你倒不如自己照顧自己了，不然的話，有朝一日被身邊那些心懷怨恨的人出賣時，那時便悔之已晚了。

 以心相待

李超人和四叔都是善待下屬的表表者，特別是四叔，他從來不視保鑣們是保鑣，而是以禮相待，在人前人後尊稱他們是「大哥」，所以保鑣們都甘心情願地為他賣命。四叔不單付出厚酬，讓保鑣們能養妻活兒、安心地為他工作，還在保鑣隊長退休時送他一個養老的單位，更安排隊長的兒子成立公司，承接四叔「特別關照」的工作合約，讓隊長不用為兒子的生計操心，安心養老。

善用專家經驗

遇到自己不熟悉的問題時，我們都會尋找專家協助。而解決問題不只一個方法，可有不同的選擇，例如賊人沿村屋的水渠爬上二樓的窗戶入屋爆竊，戶主請保安公司安裝防盜設施，保安公司建議在水渠安裝防盜刺網、在窗戶安裝窗花及感應器、感應器連接室外警鐘，報價5萬元，即時決定也要多天才能安裝完畢，在工程完畢之前的那段時間，戶主還是擔心賊人再次光臨而「無覺好瞓」的。筆者向戶主建議往五金店買十元雪油(固體潤滑油)塗在水渠上，即使老鼠也滑得爬不上樓去了，同時關上窗戶，用鐵線將兩扇窗的把手綑綁，外面便不能將窗戶打開了，問題便即時解決了，是否接受保安公司的建議，則可以從詳計議了。

筆者退休前擔任反爆竊特遣隊四年，處理過千多宗爆竊案件，對各種爆竊手法瞭如指掌；退休後擔任物業主管和保安經理多年，熟悉現時業界的保安系統，只需巡視一周便能掌握整個屋苑或保安系統的弱點所在，很多時候只需花費小量金錢已能協助屋苑達致改善的成效。

用家可以視乎實際需要，以短期顧問形式僱請前警察為整個保安系統提供專業意見，亦可僱請前警察擔任保安員，透過日常培訓來提升同事們的素質。

現時正值警隊退休高峰期，大量人力資源將會投身保安業界，筆者的願景是：「為用家找專家、為專家找用家。」，在退休之後數年中，筆者組合了一班退役同僚、輔警同僚和保安從業員，為他們進行了培訓，隨時為有需要的僱主提供服務，實現「一盤一退警」的目標，達致雙贏的效果。

分享經濟成果

　　身為僱主的你，看完本書之後應該掌握了一定的保安知識，懂得選擇合適的保安系統和器村，在挑選保安員時亦有正確的方向了，希望閣下能將心比己，付出合理的待遇，讓為你提供服務的人員能養妻活兒、安心地為你工作。

　　曾有僱主問筆者保鑣們的待遇是否過高呢？筆者的答案是：「先生，你認為自己的身價值多少錢呢？相對於他們的工資，我覺得少得可憐啊！」

　　當你認為付出「市價」便是合理的話，對方亦只會付出「市價」的服務，並且不斷尋找跳槽加薪的機會；當你付出比「市價」為高的待遇時，對方亦將會付出比「市價」為高的服務，同時安心地留下工作，所謂「做生不如做熟」啊。日子有功，彼此間將會建立密切的關係，超越純以工資維繫的賓主關係了。

第 17 章
與在位者分享的心底話

內地保安員全部由公安負責訓練、評核及管理，故此公安系統與保安系統是緊密地連結在一起的，從而為廣大的市民編織了一張緊密的安全保護網。

　　在香港，保安員並非由警察負責訓練，質素沒有保障，私人機構注重成本效益，由於節省資源的原因，很多大機構的保安項目都是採用外判制以減輕成本，由於投標是以價低者得的大原則，大部份保安公司都是將貨就價拉雜成軍，不理好醜，只要湊足人數交貨便算；而有聲譽的大型保安公司，又是管理層的利潤食水太深，以致基層只能享受微薄的待遇，最終使到香港保安行業的工資普遍較低，工作時間亦較長，跟歐美國家相比，他們都有一套完善的制度去監管保安行業的素質，包括個人專業學術水平，特別在英國，每一工種都需要考取相關的工作執照，被視為一種專業的工作，所以在這些國家保安行業的工資平均都很高，相對香港來說，僱主都不願意付出較高的工資，主要是基於從業員的素質問題，包括學識水平、專業資歷、年齡和外表等等，而香港政府亦未有重視保安行業的發展，引致問題叢生，很多所謂培訓機構提供的相關保安課程質素參差，目的只是賺取政府的津貼。

 ## 政府的角色

　　30萬保安員是協助社會維持治安、保護市民人身和財物安全的重要力量，欲提升他們的素質並非單單立法便能實現，其複雜性遠比

警察學院所面對的問題更為複雜，容筆者為大家逐點分析。

回想當年筆者擔任警察訓練學校教官時，是負責員佐級人員的晉升培訓、深造培訓、交警培訓和戰術培訓等等，所有培訓都是本着「目標為本」來設計，當學員完成培訓之後，他們都能具備所需的專業技能在其所屬領域中開展工作。

本人在退休之後透過在私人機構進行培訓和投身保安業界，將從警隊累積的寶貴經驗傳授給業界從業員，直接為業界帶來了轉變，實踐了「警轉民用」和「警民合作」的大方向。

避免公器私用的敏感問題，警隊是不能參與私營機構的實際運作，只能安排有限的交流活動，更不可能參與機構的培訓項目和為管理人員提供培訓和度身服務，因此只容許現職和離職警察以私人身份在各大院校教授保安相關的課程，在理論上提升業界人員的素質；而離職和退休警察於投身保安業界後得以傳承經驗，提升業界的專業素質。

如果政府能夠主動地確認警察在警隊中各個專業範疇的資格和資歷，將有助離職和退休人員在業界發展，亦有助業界分辨和招聘適合的人材，對社會亦有得益，一舉而三得啊！

正如上文所述，前警務人員應獲終身豁免保安入職培訓和需持有有效QAS證書的規定，否則筆者數年後擔任短期保安工作時，又需第三次接受這個20年沒有轉變的保安入職培訓才能續證了。

根據保安及護衞服務條例第4條，保安及護衞業管理委員會（Security and Guarding Services Industry Authority - SGSIA）主席由特首委任、六名委員包括保安局局長或其代表、另外五位由特首委任業界代表擔任委員，筆者建議政府在委任業界代表時，需考慮他們的專業資格，避免由缺乏實務資歷的人士濫竽充數，窒礙了業界的健康發展。

法團的角色

不少屋苑的業主立案法團招標聘請物業管理公司管理屋苑，物業管理公司再招標聘請個別公司負責各項工作，包括清潔、保安、工程、園藝、康體……等等，層層外判的情況下便出現了利潤被中間分薄了的現象，以保安員的待遇為例，不少物業管理公司從每名保安員身上抽取的佣金，業界稱為「請一個賺一個」，因為一半的利潤用來養活公司和管理人，如果保安公司也是外判的話，真正落入保安員袋中的待遇便少之更少了。

既然所有工作人員的真正僱主是業主立案法團，如果法團直接聘請所有工作人員的話，保安員們便成為「法團直屬保安員 - In-house Security Officers」，除了減少了中間剝削、待遇肯定提高之外，人員將不會因轉換保安公司而經常流動，歸屬感和忠誠度亦將會較高。

筆者建議各位法團的負責人，不妨在屋苑所有工作上了軌道之後考慮由法團直接聘請所有現任工作人員，首先自行聘請具經驗的物業管理經理和保安經理，由他們逐步接收各項工作和物色人才，完成接收後，法團不與相關公司續約時將節省下來的金錢，部份用作提升現任工作人員的待遇，挽留高質素的人材，同時法團邀請具經驗的業主住戶擔任財務、清潔、保安、工程、園藝、康體……等等小組的監管重任，管理自己的家園，有需要時才以合約方式招聘專家協助改善工作，長遠而言將會節省大量金錢。

在人口老化的大趨勢下，聘用年長的保安員更能發揮他們的優勢，例如大堂保安員，他們為同聲同氣的長者居民提供服務時將會更為親切。亦可將工作一分為二，聘用不欲長時間工作而經濟壓力較低的年長保安員擔任，勝過請年青的保安員長時間工作，他們沒有時間拍拖和照顧子女而無心工作。

業界代表的角色

　　「香港物業管理及保安業培訓導師協會 The Hong Kong Association of Trainers in Property Management & Security Services」前身是「香港保安業培訓導師協會」，創會成員是20名畢業於香港大學專業進修學院保安業導師培訓證書課程的學員，在1999年7月2日成立，在過去十多年為保安業界作了不少貢獻，在創會會長關創達及各委員的努力下，於2007年出版了一本《物業管理及保安人員必備手冊》，供業界從業員參考。

　　於2013年6月13日成立的「香港保安經理學會 Institute of Hong Kong Security Managers — IHKSM」，主席黃輝成亦認同筆者的見解，語重深長地說：「第一線從業員、甚至中層主管皆欠缺認知及技能應付激進社會人士之衝擊，業界應建立一系列有方向、有策略及具結構性的培訓體系給從業員增進認知，學有所用，由中層領導開始，僱主協作認同，令業界邁向專業台階。」，學會會長陳華岳表示：「成立學會目的是設立一個交流平台，除與政府部門加強溝通外，並致力為中層管理從業者營建有結構體系之培訓路向，亦為各層面持份者擴闊眼光，透過國內外社交活動改進價值思維，增廣見聞，為日後工作面對突發事情，更能盡展所長，贏得尊嚴。」

　　學會成功爭取到中聯辦、立法會議員、政黨主席、保安及護衛業管理委員會主席、香港保安導師學會、消防處救護總長、聖約翰救傷隊總監、各大廈業主立案法團委員會主席等等的支持，協助業界在各個範疇的發展而鋪路，筆者藉此機會謹向各位支持者致以衷心的謝意。

　　筆者曾擔任警察訓練學校教官，負責員佐級人員的晉升和深造培訓，退休後曾任保鑣、保安及物管等經理、保安顧問、培訓導師等等，希望為業界發展一個深造課程，協助具備五年資歷的保安員提升專業水平，從而得到社會人士及僱主的認同及尊重。

管理層的角色

　　近年的趨勢是管理人會聘用有保安員許可證的人員擔任物業管理員和客戶服務員，間接淘汰了一批沒有物業管理或客戶服務資歷的保安員，工作職位亦由原本的兩個合併為一個。表面上即時節省了一筆金錢，然而潛藏的危機是，有事發生時這些物業管理員和客戶服務員能否作出保安員的專業反應呢？人手減少了能否達致預案設計的預期效果呢？

　　就如救生員和救護員一樣，他們也是難得有一展身手的機會；難道我們可以抽調救生員兼任泳池出入口的管理工作，置泳客的安全而不顧嗎？養兵千日用在一朝，本書提及的保安工作，是需要日常不斷操練才能在事發時發揮效能的，如果人員日常忙碌地處理物業管理或客戶服務，那還有時間和精力留意保安的範疇呢？

　　內部培訓面對的問題是缺乏具實務經驗的導師，培訓未能真正提升人員的專業質素。另一方面，一般企業的人員流動性不會很大，每一個工種同時需要培訓的人員亦只有數名，故此很難組合足夠人數開班教授，以致人員在等待培訓時便需自行摸索工作之道了。

　　身為保安及物業管理的主管們，需時刻保持與下屬的雙向溝通，參考16小時的保安課程內容，在職場的日常工作中提升人員相關的實務知識，包括物業管理、保安管理、相關法例、領導才能、督導技巧、指揮技巧、風險評估及管理、突發事件處理、處理投訴、監督小型工程等等；亦忌閉門造車，需間中安排測試和演習，這是提升專業素質的不二法門，下屬的執行能力和應變能力亦將立竿見影、高低立現了。

　　如上文提及的聘用退役警務人員是較有質素保證的選擇，可以引入警隊的經驗提升公司素質，同時不會阻礙管理層的接班和晉升；因為退休警察一般只會服務不足十年，接班人成熟時亦是他們再次退休之時了。

　　至於基層的人員，優先聘請住在附近社區的居民，一則節省了人員花在交通上的時間和金錢、二則人員較熟悉社區環境，歸屬感亦會較高、三則轉班時間亦更有彈性、四則在風暴和暴雨時上下班亦不會有阻滯啊！

　　亦可嘗試將全職基層人員的崗位一分為二，吸引不欲長時間工作和經濟負擔較低的人士擔任每天四至六小時的工作，付出的成本沒有改變，但人員的表現成效將會出現很大的改善。

結語

不管警察的效率好或壞,只要市民個人擁有資產,自我保護的動機便自然興起;而自我保護是富有階級的特殊行為,因此,無論治安不佳或太平盛世,保安員都是有市場價值的。

對年青人來說,只要你們用心去做,從底層開始做起,汲取工作經驗,然後選擇適合你自己的工種,並經常自我增值,出席有質素保證的保安相關培訓,自然前途一片光明。

保安員在大型群眾活動中是扮演「內部群眾」領袖的角色,「內部群眾」包括司儀、公關同事、物料供應同事、宣傳同事、客戶服務同事、接待同事⋯⋯等等,故此保安員必須擁有領導能力,善用所有資源來管理出席的群眾,首先組織「內部群眾」成為「外來群眾」的領袖,在各自的範疇領導「外來群眾」有序地參與活動,同時亦要善用「外來群眾」的領袖們協助,那樣,再大型的群眾活動也一樣秩序井然了,而核心的保安員將擔當特遣隊的角色,專注於應付突發事件,隨時抽調前往出事的地點應變處理。

筆者多次以短期合約形式為多間企業提供顧問服務,花數月時間已能改善了保安體系的效益,以較少的資源達致巨大的效果;為機構度身設計的在職培訓和深造課程,都是安排在學員任職的場所內實地進行,以案例作為教材,採用體驗式學習方法,讓學員們透過實習吸收經驗、並針對實際問題傳授實務技術,立竿見影地即時提升了人員的素質。

有關本書內提及的各種服務和範疇,需要筆者效勞的話,請電郵lingsir.kingkong@gmail.com商討。